U0023444

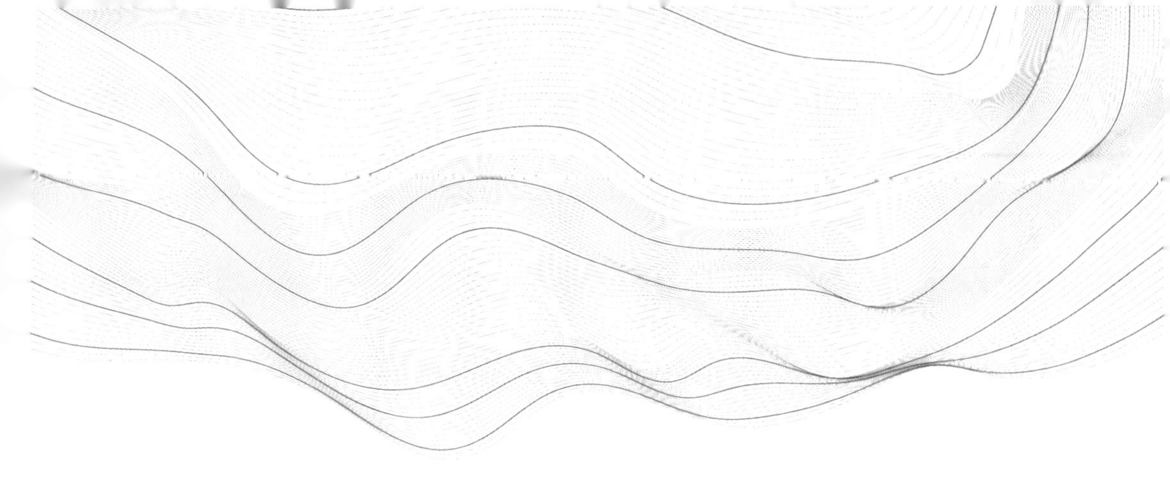

見證狂飆的年代

《大學雜誌》20年內容全紀錄提要

1968-1987

陳達弘 策畫編著

CONTENTS
目 錄

《大學雜誌》全輯 | 1968-1987

CONTENTS

目錄

CONTENTS
目錄

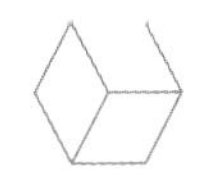

編者的話

見證狂飆的年代

《大學雜誌》20年內容全紀錄提要(1968-1987)

陳達弘 《大學雜誌》發行人暨總經理

在北大教書的陳鼓應兄返臺，敘舊之餘，談到北京大學、武漢大學的碩博士生，對研究《大學雜誌》非常有興趣，因為《大學雜誌》在當年白色恐怖陰影下，堅持知識份子報國熱忱，鼓吹臺灣政治民主與言論自由，掀起波瀾壯闊的改革浪潮，對當前也處於改革轉型熱潮的中國大陸，極具參考價值。

鼓應兄為了鼓勵這些碩博士生，極力為他們奔走，爭取研究補助經費，為數雖然不多，盛情可感。

當年我和鼓應兄都曾積極參與《大學雜誌》運作，一起見證過那段狂飆的年代，如今年紀漸長，熱情不減。鼓應兄帶來的訊息，感動了我，也激勵了我，我開始思考，可以為有意研究《大學雜誌》的學生，或有心以史為鑑、積極促進海峽兩岸持續進步改革的人士，做些什麼？

在此同時，政治大學圖書館和我洽談將《大學雜誌》數位化的計畫。幾經考慮，我提供七十年代的《大學雜誌》，供政大將之數位化，方便典藏研究。計畫完成時，政大圖書館特別舉辦一項數位史料與研究論壇，主題就是「知識份子與臺灣民主化：《大學雜誌》及其相關人物」。陳鼓應、南方朔、張俊宏、林孝信、陳玲玉、洪三雄和我，都受邀出席。

政大對史料保存的重視，幾位《大學雜誌》當年的夥伴對那段改革歲月的回憶與肯定，讓我起了一個動念，那就是：《大學雜誌》是否應該重新出發？

《大學雜誌》曾有輝煌的過去，在臺灣政治改革過程中扮演重要的推動者的角色。後來因為種種原因，在完成階段性的任務後，暫時停刊。三十多年過去了，臺灣進入一個新的轉型時期，這一代年輕知識份子是否應該勇敢站出來，在眾聲喧嘩中，發出清醒的聲音。太陽花學運呈現出來的新世代心聲，值得深思，國是問題，更需要宏觀視野，多元思考。我希望重新出發的《大學雜誌》，能提供一個平臺，讓這一代的知識份子有報國的發聲管道，甚至兩岸能在這個平臺上交流思想與意見，促進兩岸共同改革與發展。

《大學雜誌》停刊後，臺灣不論是在政治、經濟、社會、文化，甚至國際與兩岸情勢方面，都有了翻天覆地的變化。這期間，知識份子有的仍秉持道德良知，不畏權勢，針砭時政，言所當言。但也有人向權位利益低頭，或為特定的意識形態服務，忘了知識份子的堅持與使命感。國家社會在藍綠惡鬥中虛耗，青年失去報國熱忱，也失去奮鬥方向。

有鑑於此，重新檢視《大學雜誌》當年集結知識份子為國家盡心，為人民發聲的歷史，當有其意義。

《大學雜誌》目前有成立復刊籌備委員會的想法，希望能夠廣納各方意見，我們推出《見證狂飆的年代：大學雜誌20年內容全紀錄提要（1968-1987）》，算是籌畫復刊的第一步，由曾任《大學雜誌》主編的鍾祖豪兄與陳芊莉遍閱我個人收藏，以及國家圖書館、臺大圖書館典藏的《大學雜誌》合訂本，從民國57年（1968年）元月創刊起，到民國76年（1987年）9月止，近20年共209期（缺199至204期，另缺207期，因改組而佚失），每期內容都摘要整理，約七萬多字。這20年來雜誌的人事變動、重大事件，也都有扼要介紹，對研究《大學雜誌》的學子或相關人士，相信會有極大的參考價值。

為了更方便研究與參考，特將這209期的雜誌目錄與所有作者，編入本書，也是保存重要史料的一部分。

復刊工作計畫中，千頭萬緒，但我們仍有一顆年輕的心，願和許許多多《大學雜誌》當年的編者、作者、讀者共同為復刊努力，更期盼青年知識份子熱情參與。新的時代要有新的思維，新的創意，請一起回應時代的召喚，為臺灣的未來奉獻心力，再做一次歷史見證。

走筆至此，讓我不禁感念幾位老友：

其一，鄧維楨，創辦人（只做事不掛名），草創初期，為理想，出錢出力，從不計名利。沒有鄧維楨，就沒有《大學雜誌》，也就沒有《大學雜誌》後續的發展。

其二，張俊宏，對臺灣民主改革有其理想並深具卓見。我個人對他的溫文儒雅，言人所不敢言之道德、勇氣，深為折服。我們給他一個雅號「政治醫生」。前二年，

2019年7月8日陳鼓應教授（左二）返臺與國家圖書館曾淑賢館長（中）、《大學雜誌》發行人陳達弘先生（右二）及華品文創出版公司王承惠總經理（右一）、陳秋玲總編輯（左一）聚敘合影。

他還是一本初衷，不改其志，在臺大法學院舉辦「狂飆年代與知識份子」研討會二天，場面盛大，很成功。

其三，何步正，臺大經濟系，香港僑生，草創初期擔任總編輯，對人力資源開發有他的一套，我的參與也是受其邀約。

其四，阮義忠、郭承豐、藍榮賢及其他美編，對《大學雜誌》的美編設計上，有參與及貢獻者，一併致謝。

又不禁讓我追思起兩位：兼負《大學雜誌》重責大任的陳少廷社長與楊國樞總編輯。

可以說，《大學雜誌》因他們築基，才有往後20年的璀璨歷史。

最後，要特別感謝華品文創出版公司總經理王承惠有出版家的高度大器與知識見解，同意出版本書，也謝謝總編輯陳秋玲為編務的順利而費心，更謝謝國家圖書館曾淑賢館長，為佚失的缺期，動用各大學館際合作，並促其同仁努力協尋，盡力補全本書的辛勞，以及國立政治大學圖書館特藏管理組張惠真女士協助本書封面掃描事宜，在此一併致謝。希望本書的出版能有助於更多讀者及研究者。

陳達弘

導言

臺灣社會中的歷史意識

陳鼓應 北京大學哲學系人文講席教授

左一：陳鼓應，中：陳達弘，右一：夏春祥（世新大學口語傳播學系專任教授）

一

《大學雜誌》產生於臺灣的一個特殊年代。

1949年國府退守臺灣，同年五月宣布島內進入戒嚴狀態，隨即頒布嚴苛的《懲治叛亂條例》。1950年，韓戰爆發，美國第七艦隊橫守臺灣海峽，麥卡錫主義的白色恐怖散播到臺灣，蔣氏政權獲得CIA的技術支援，在島內進行地毯式的大逮捕。自此以後，戒嚴時期延續38年之久，史稱臺灣的「白色恐怖時代」。1960年9月4日，《自由中國》雜誌創辦人雷震因刊物內批評時政的言論而遭逮捕、雜誌也被查封。自此，言論界噤若寒蟬，整個60年代籠罩於政治的高壓陰霾中，時人稱其為「啞巴的一代」。直至70年代初期，由於國際局勢的調整加上島內經濟的發展、教育的提升，戰後成長的青年乃結群而出，於1971年元月改組《大學雜誌》，這個群體後來被稱作「《大學雜誌》集團」。

1971年至1973年間，臺灣社會接連發生三個重大事件：《大學雜誌》改組，「保釣」運動興起於臺大、政大各校園以及「臺大哲學系事件」。事實上，後兩個事件的進展都與《大學雜誌》的言論傳播密切相關。

70年代初期，在革新浪潮的推動下，《大學雜誌》交織著民主到民族、人權到主權的言論主軸。直至《夏潮》雜誌出現，可以說這一主軸或顯或隱地貫穿於整個70年代的思想言論界。80年代以後，雖然臺灣政治結構發生重大轉變，黨外刊物蜂擁而出，但在理論層次與思想內涵上，卻十分單調，所觸及的議題多屬新聞相關的政論性質。在理論層次和思想內涵上遠不及《大學雜誌》與《夏潮》，更不如50年代《自由中國》雜誌來得激盪人心。下面容我簡要陳述50年代至70年代間的思想言論進程。

二

50年代以來，《懲治叛亂條例》的頒布及其執行，致使大陸時期制定的《憲法》形同虛設，《條例》儼然凌駕於其上，成為威權統治迫害異己的殘酷工具。70年代，我蒐集到許多老政治犯的判決書。僅1950年，島內便發生桃園案、臺中案、麻豆案等三大政治案件，大量逮捕所謂思想有問題的異己份子。每次逮捕都秘密進行，即使平民也送至軍法審判，而且一審判決。一般來說，作家和知識份子多以《條例》第七條「以文字、圖書、演說，為有利於叛徒之宣傳者，處七年以上有期徒刑」量刑；被視為情節嚴重者，則以二條一死刑起訴或終身監禁。根據「戒嚴時期補償基金會」的資料，50至60年代以來審理的政治案件多達13,000多件。由此可見，政府公權力的無限膨脹和濫用，以至於蒙受不白之冤的民眾不可勝數。此番「白色恐怖」的特殊局勢於60年代達到高潮。

50年代雷震創辦的《自由中國》半月刊，在蔣氏政權特務統治陰森壓抑的氣氛中，發出振聾發聵的評言。至1957年，該刊連續發表多篇社論抨擊時政，如，〈反攻大陸問題〉、〈政治的神經衰弱症〉、〈「反共」不是黑暗統治的護符〉。這些言論形成官方與民間的緊張對立，官方輿論嚴厲地斥責該刊物為宣揚「反攻無望論」。胡適之先生知曉後更是十分緊張，認為「反攻大陸」是「金字招牌」，並撰文〈容忍與自由〉，提醒知識份子需保有容忍的態度，強調容忍比自由更重要。隨後，殷海光先生撰寫了〈胡適論「容忍與自由」讀後〉，闡明「自古至今，容忍的總是老百姓，被容忍的總是統治者」，告誡胡適先生「不應以這個社會對你底『無神的思想』容忍為滿足，而應以使千千萬萬人不因任何『思想問題』而遭監禁甚至殺害為己任」。

《自由中國》這類文章的發表，正是我們在大學求學的階段。那一時期，在學界復古主義和道統意識構成觀念的牢籠，緊緊地禁錮著我們。該刊物發出震撼人間的呼聲，激起時代的「掃霧運動」，使我們這一代的在校大學生既看清現實，又大開眼界。臺大校園內由師長們所散發出的五四精神，借助《自由中國》的平臺，在思想觀念上得到推展，成為我們的驅動力和創發力。

《自由中國》半月刊的社論連續多期針砭時弊、檢討政策弊端，觸怒了當局的神經。最終，這一知識群為首的雷震被捕，由《自由中國》倡導的民主運動也隨即宣告終結。往後的十年間，臺灣社會的知識份子遁入群體性沉默，沒有一本政論性的刊物出版。只有一本討論文化問題的《文星》雜誌，可以算作知識份子在文化議題上發出個別聲音的唯一平臺。

從60年代初，存在主義思潮便進入校園，以其對西方現代性諸多困擾的反思，衝擊著青年學生的思考。我個人在此時借助尼采和莊子的思想，用以表達我對自由民主的嚮往。1966年，我忽然因為當局迫害殷海光教授（參見殷海光《我怎樣被迫離開臺灣大學》）而遭受牽連。隨著大學專任教職被解除，我的現實生活跌入了前所未有的窘境。60年代後半期，李敖、陳映真、柏楊等作家相繼被捕；身處特殊時期的我們，成為名副其實的「啞巴的一代」。直至《大學雜誌》的改組，這一沉悶的局面才真正得到改觀。可以說，《大學雜誌》接續著一個特殊時代的自由呼聲，承載著一個特殊時代的民主記憶。

二

70年代伊始，島內經濟實力穩健攀升，教育體系也日趨完善。然而，黨內元老重臣派卻積弊深重，觀念陳腐，阻礙新生力量接管政事。因此，上層結構老舊僵化與經濟發展日趨繁盛間的張力，推動著各行各業謀求政治社會的除弊更新，改革的呼聲日益高漲。值此之時，光復後在臺灣受教育的第一代知青，迎合時代的主題，結群而出，數十名的社務委員以聯合署名或集體論政的形式參與《大學雜誌》的改組擴充，將其由思想文化性刊物扭轉為社會政治類期刊。1971年元月，在《大學雜誌》第37期（改組後首期）上，我寫了一封〈給蔣經國先生的信〉（與劉福增、張紹文聯署發表），文中回應了蔣先生指出青年人不發言的社會現實，我們認為青年人不是不願發言，「主要的原因可能是不敢說，或覺得說了也沒用」。同期，〈臺灣經濟發展的問題〉（邵雄峰）、〈容忍與了解〉（陳鼓應）、〈消除現代化的三個障礙〉（張景涵）、〈學術自由與國家安全〉（陳少廷）這四篇時政性文章一經面世，便引起輿論的關注（參看第38期〈對上期的幾點意見〉一文）並招致當局的警覺。〈容忍與了解〉是我寫的第一篇政論性的文章。文中我曾這樣說：「安全人員的安全工作造成很多人的不安全感」，這是我在白色恐怖時代中的內心感受，這也道出當時大多數人的心聲。文章的開頭，我還指出看待現實問題需要「拉開視線，從廣大的文化背景與歷史的洪流中去看」。

1970年秋，美日合謀操縱釣魚島主權紛爭，海外學生運動率先反抗帝國主義的蠻橫。同時，中央政府在危機處理上極度失職，當局無法在艱難時刻捍衛民族尊嚴與主權完整。1971年4月15日，「保釣」運動發生，臺大、政大學生為保衛中國領土釣魚臺而向美使領館示威。同年5月，《大學雜誌》第41期刊登「保釣」運動專號。是年10月，由我擔任輪值主編的《大學雜誌》第46期，陸續登載〈國是諍言〉長文（張景涵等10餘位簽署）、〈中央民意代表的改選問題〉（陳少廷）、〈釣魚臺問題對話錄〉（王曉波）等多篇政論性專文。此後，由臺大法代會學生陳玉玲和洪三雄主辦的「言論自由在臺大」座談會，以空前的規模轟動校園，會議實錄更被《大學雜誌》第47和第48兩期轉載。時隔數週，法代會又舉辦了「民主生活在臺大」座談會。會後，我將發言稿撰寫成〈開放學生運動〉，並在《大學雜誌》第49期上發表。言論力度的逐步增強，隨即引來當局的警覺以及《中央日報》對我為時6天的連續抨擊。

1972年夏，我懷著「朝聖」般的心情首度赴美探親。當時，美國是我眼中「自由」、「民主」的燈塔；其「自由」、「民主」的理念，是我用來對抗白色恐怖時期獨裁政權的精神武器。但是我到了美國，看到美國越戰後期的百業蕭條，而軍事工業卻一枝獨秀；看到美國政府一方面在媒體上宣揚「自由」、「民主」，一方面卻用坦克、大炮支持多國的獨裁政權。就連這片所謂「自由」、「民主」的土地，都是早期透過對印地安原住民的殺戮掠奪得到的。我越來越清醒地認識到「世界警察」的不正義，正如羅斯福總統所自詡的：美國就是一座「民主兵工廠」。的確，「民主」其表，「兵工廠」其裡——軍事干預別國並建立百餘處軍事基地。而在加州校園，我又親眼目睹了南京大屠殺的慘烈錄影，此情此景，喚醒我幼年時期對日本戰機轟炸故鄉福建長汀的記憶。書本中文字記載的百年近代史，也越發地鮮活起來：不止一個國家侵略你，而是多國侵略你；不止一個國家欺凌你，而是多國欺凌你。民族情懷與主權觀念瞬時撞擊著我的心靈，著實激盪起我內心深處的歷史意識。

「保釣」運動與旅美經歷大幅地拓展了我的思想視野，同時也迫使我反思：歷史意識於我們而言何其重要！一旦真實的過往被人為地抹去，那麼產生出來的歷史知識便有所偏執，而這也使得完整歷史的圖像，會被各種現實需要切割成意義破碎的片段，正如我們這一代青年一度被美國官方的片面宣揚蒙蔽住雙眼。尼采就曾說到：「過分缺乏歷史意識，就會像阿爾卑斯山下的居民般視野狹隘」。自此之後，民主與民族、人權與主權成為我現實人生中的關鍵議題。而這一議題正是1973年「臺大哲學系事件」爆發前《大學雜誌》不分省籍、不分統獨的群體言論主軸。50年代，《自由中國》抨擊專制政體而倡導民主和人權；70年代，《大學雜誌》遭遇軍事霸權而宣揚民族與主權。前者對內而後者對外，伴隨其中的是視域的漸漸寬廣與思考的逐步深刻。直至70年代後期的《夏潮》和《臺灣政論》，也都遵循這一主題運轉而推進其言論活動。可以說，民主運動自此融入了抵禦外侮的特殊意涵。

探親期滿我即返臺，同年12月4日，「民族主義座談會」在臺大舉辦。我將上述感想在會上進行表述，引起官方決定使用政治力來壓制「保釣」運動，隨後便發生「臺大哲學系事件」。

如今，時代畢竟不同了，我們那個年代的人際遇多艱，卻能激發出一種冒險患難的拼搏精神。當年「保釣」運動的學生領袖，如洪三雄、陳玲玉、錢永祥等，他們不僅在校成績優異，而且極具社會關懷和民族情操。與現在的草莓族或「太陽花學運」的風雲人物形成鮮明對照，他們連最基本的「服貿」內涵是什麼都搞不清楚。這不禁使我想起喬治・奧威爾的一句話：「Ignorance is power」（無知就是力量）。

時代畢竟不同了，我雖然曾經呼籲開放學生運動，可我們那時學運的核心主張是抵禦外侮，反對國際軍國主義者的不正義，並且呼籲同學們要擁有充分的責任心和歷史感。

時代畢竟不同了，我們那時正處於「白色恐怖」時期的一黨專權之下，而如今的兩黨政治則流為惡性競爭。最終，帶頭的學生卻淪為政黨的工具，恰似我當年極力批判的「職業學生」。

四

此次，政大圖書館將去年（2013）的這場學術會議整理成冊，我想對館長劉吉軒與數位典藏組暨組長莊清輝表達由衷感謝，也利用這個機會，將個人與這本論文集的關係作個說明。

最早是在四、五年前政大圖書館的數位典藏計畫，當時擔任組長的譚修雯，與柯雲娥、張惠真等諸位女士積極地與我聯繫，希望個人提供民主運動的相關資料。構想很好，幾位更是熱心，我也有意願提供，尤其是臺大哲學系事件的相關史料，只是後來在兩地忙碌的過程中，我們的聯繫就少了，計畫因而擱置。三年前，感謝任教於世新大學口語傳播學系的夏春祥，願意在研究相關主題的過程中，將兩方重新聯繫起來，並積極地聯絡各方人士籌辦2013年底的研討會。

在2013年11月15日上午「《大學雜誌》的回顧與前瞻」的會議場次中，我們當年的親身經歷者有機會在公開場合一同回味過往，也互相惕勵地看向未來。後來，我也看到了由華中師範大學歷史文化學院何卓恩教授的博士生韓毅勇，和協助我整理檔案、記錄現場的助理黃建波整理出來的會議討論逐字稿，他們幾位與當天下午幾位青年學者與研究生對於《大學雜誌》的研究論文，更是今日表達對那個時代紀念的最佳方式。所有這些都讓我倍覺溫馨，也想起我的老師殷海光過世前給我的一封信，他說：「鼓應，此刻在燈下和你寫信，說不出的淒涼。人與人之間，只有內心溝通，始覺共同存在。人海蒼茫，但願有心肝的人，多多相互溫暖。」(本文轉載自《大學之道》2014年12月國立政治大學圖書館數位典藏組 編)

鼓应 二〇一九、七、八

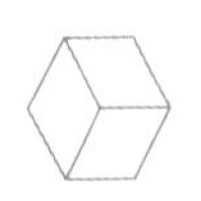

序

還有夢想嗎？不要輕言放棄！

鄧維楨　《大學雜誌》創辦人

老朋友還能聚集在一起，實在難得！首先，我要向張俊宏先生致敬，沒有他堅忍持續的領導，《大學雜誌》不可能受到廣泛的重視，最後，並且對社會、對國家，產生巨大的影響。

希望今天，不是緬懷過去，而是展望未來。我們都八十歲了，是不是？過去，這個年齡是向朋友告別的時候，任何雄心壯志，都時不我予；現在，不是了，除了我們比前人更健康之外，資訊科技的發展，讓我們可以以更短的時間，以極少的金錢和人力，面對挑戰，實踐更瘋狂的人生目標。限制我們的，不再是時間、金錢或是人際關係，而是想像力。

網路的威力有多大？以我自己的故事做例子。大約三十年前，我和交通大學的一位劉教授合作，花了新臺幣一百萬元，一年的時間重建了唐代的長安城。那時候，我便異想天開，想開發這個模擬城市，裡邊有銀行，有公園，有公寓，有套房，有商店，有劇院，有競技場，有百貨公司……，銀行可以發行鈔票，存錢借錢；公園可以談戀愛；公寓、套房和商店可以出租或出售；劇院舉辦音樂會，表演古典歌劇和地方戲劇；百貨公司舉辦時裝展覽，賣名牌服飾，也賣二手過時商品……，為什麼沒做成？當時的網路寬頻不夠大，以高速公路做比喻，那時候的只能算是羊腸小徑。後來，高速公路越開越大，我的構想便由中國的阿里巴巴部分實現了。

現在，網路發達到什麼程度？前年我到歐洲旅行，一機在手，萬里無阻。現在的上海，大概也這樣。買車票，訂戲票，訂飯店，訂機票，叫車子，購買東西……，所有你能想到的，沒有辦不到的。換句話說，現在，你要拍電影，辦報紙，開公司，一機在手，不需要仰賴他人，一個人說幹就幹！寫時論，寫小說，寫曲子，不需要看報

右一：陳達弘
右二：許信良
左二：張紹文

社、出版社、唱片公司的臉色，一機在手，隨時隨地，愛發表便發表，沒有人能阻擾；所謂網紅便是這樣興起的。

一夕致富，一夕成名，在網路時代，絕不是白日夢。現在，網路世界還在蠻荒時代，還在無政府狀態，這就是大家的機會。辦報紙，辦雜誌，拍電影，設立電視臺，不需要那麼費工夫了，一機在手，幾個人，甚至一個人就可以做到。我常想希特勒如果活在現代，野心一定更大，不會讓日本人分享東方的榮耀；他會怎樣利用網路，閃電征服世界呢？

許信良先生大概還想做大總統，許信良先生可以，張俊宏先生當然也可以！怎麼做？先忘掉《大學雜誌》，那是石器時代的媒體；網路才是動員群眾最有效的工具。王曉波先生致力於中國的統一大業，這是母親的遺志；陳永興為臺灣的獨立和自由而奮鬥，數十年如一日。都是偉大的抱負，偉大的使命。政治信仰沒有誰對誰錯的問題，努力去做就對了。網路可以一夕之間，為你招來無數狂熱的支持者。

從港澳，從美國回來的朋友，我沒法一一指名，不過，從網路上，我知道你們都做了了不起的事情；少數頤養天年的朋友，是不是再振作起來，重啟人生？網路這個媒體非常迷人，愛上，絕對被纏上！

再說一遍，一機在手，夢想無窮！我們不再受到限制了，時間、金錢限制不了我們，限制我們的，只有想像力。各位如果還有大志，還有野心，那麼，繼續前進，不輕言放棄。

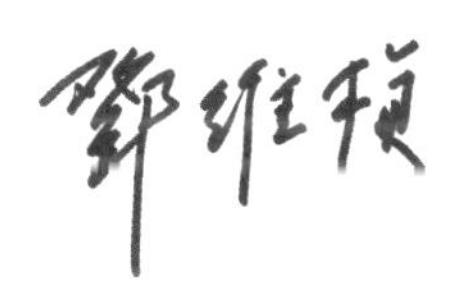

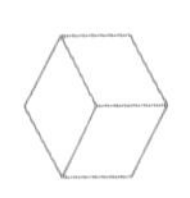

序

《大學雜誌》獨領風騷兩三年

黃榮村 教育部前部長／臺大心理學系名譽教授

鄧維楨是一位奇人，也是我臺大心理系的學長，當我還是大學生時，他已經在1968年1月創《大學雜誌》，命名緣起是來自大學之道在明明德在止於至善之意，而非以大學校園為標的。它在1987年9月停刊（解嚴是同年七月），共出刊209期。依據王杏慶的講法，《大學雜誌》最有象徵意義的表現，是改組後的那段期間(1971-1973)，而蔣經國則在1972年出任行政院長，這兩者之間一定是有密切關係的。《大學雜誌》善用該一形勢，適時結合出色的知識份子重新關心臺灣問題，在歷史上幫忙連出一條我們耳熟能詳的線，前有《自由中國》、《文星》，後有《臺灣政論》以及其他。沒有這幾年的《大學雜誌》，這條歷史線畫起來一定會失去一些風采。

1971-1973年我剛在心理學系當研究生，這期間發生了保釣運動與臺大哲學系事件。張俊宏與陳達弘負責《大學雜誌》的經營，楊國樞出任《大學雜誌》總編輯，何步正擔任執行編輯，我與步正同屆也曾是室友，他常來心理系找楊，在走廊上沒大沒小，國樞長國樞短的，令心理系的師生為之側目。

也因為這些關係，我很早就接觸到《大學雜誌》在這幾年所提出來的一些關鍵字，這次利用本書出版的機會看了這三年每一期的目錄，重新回顧當年最被關心的民主政治課題：知識份子、戒嚴、民主自由、現代化、保釣、臺灣社會力分析、退出聯合國、國是九論、中央民意代表改選、中國的前途、析論小市民的心聲、開放學生運動、國是諍言等。雖然這段期間仍在戒嚴時期，外界形勢還很緊張，但大家苦中作樂談民主，文章的風雲與時代的苦難，在《大學雜誌》這個平臺上互相印證，又暢所欲言，也可視為是提出革新保臺說與作出強烈國事諍言的發源地。

《大學雜誌》因楊國樞而走上繼《自由中國》之後的代表性刊物，楊國樞則因為

《大學雜誌》早期編者和作者，左起：黃榮村、胡卜凱、鄧維楨、孫隆基、何步正、黃樹民。

《大學雜誌》開始了民主自由人生的第一個代表作。我們則是受惠的一群，有好幾位是在臺大校園、楊國樞、澄社、黨外這種氛圍中長大，《大學雜誌》一直是個不曾忘掉，而且會經常回憶的名字，它在一個短暫的時間內，為我們示範如何去看待一個其實大家過去從沒機會真正懂過的世代。但是不應只有我們記得這幾年的《大學雜誌》，更多年輕人應該也要有機會去領略一下，那段喚醒民主的文藝復興時期。就像不只民進黨不應忘掉黨外，整個臺灣社會更不能忘掉當年曾經有那樣一批人，在那種危險的時代，居然努力又有智慧的走出一條不必流血的民主自由道路出來。

本書等於是個導引，列出每一期的目次，並作了摘要說明，有興趣的人還可按圖索驥，到政大圖書館的數位資料庫去查出這些內容，回頭看看這些重要的歷史文獻，應該也是樂趣無窮的，更重要的是說不定能因此培養出一些歷史感出來。

黃榮村

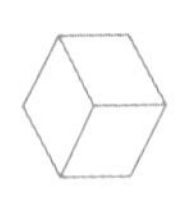

序

沒有私心，基於理念及責任感

何步正　《大學雜誌》前執行編委

1967年，臺大校內刊物《大學論壇》召開編輯會議，其中一篇文章，通不過校內審查，看編委如何處理。我說：開天窗，空了一頁，上書小字，本頁文章審查不通過，故空白。眾編委默言，沒有一個編委夠膽量開天窗。我是香港僑生，沒有白色恐怖的經驗，才會說出眾編委想都不敢想的叛逆言語。散會，鄧維楨跟著我，邀請我參加他們的小團體。從而認識了王拓，王曉波，黃榮村這些老朋友。他們也就是《大學雜誌》最原始的班底，捐錢，推銷，寫稿，老鄧是老闆兼打雜，我是執行編委，校對發行一腳踢。

及後，張俊宏，許信良，陳鼓應，楊國樞，鄭樹森，等朋友參加，共同擴大了編委名單，陳達弘負責發行，《大學雜誌》開始收支平衡，上了軌道。《大學雜誌》這段時期，俊宏，信良，是國民黨中央黨部幹事，鼓應，國樞在臺大教書，我和樹森是臺大政大的僑生。編寫校對，都是義務，來稿是沒有稿費的。有本地臺灣省籍人，外省人，還有僑生。有黨幹，有教授，有學生，《大學雜誌》編委的構成份子是夠複雜的了。在今天看來，省籍問題，代溝矛盾，官民對立，是常態，但在《大學雜誌》始創同仁之間，並不出現今日的所謂的矛盾常態。《大學雜誌》編委開會，只討研幾篇有敏感性的文章，大多是如何謹慎用字，寫得出來的言論，不至於讓警總找麻煩，要技巧也要有些勇氣。和現在言論大開大放，大不一樣。

《大學雜誌》當時的編委和作者，都頗為寬容和能夠接納不同的看法，今天藍綠對立的狀況，在那時是不存在的，李登輝大作就經常在《大學雜誌》上刊出。

釣魚臺事件，臺大政大師大的僑生，發起保衛釣魚臺，《大學雜誌》是唯一全程報導的媒介，警總晚上到印刷廠查扣，雜誌封面就是僑生遊行的照片。我去印刷廠私藏一本，托同學帶去《明報月刊》，明月胡菊人立即改版，全文帶圖印刊在《明報月刊》封底。之後，本地學生加入，發起遊行到美使館的學生釣魚臺運動，在那段時間，是臺灣十分獨特的學生大規模公開的愛國遊行運動。

臺灣的地位，臺灣的將來，也是編委和作者經常互動談論的題材。有一次，康寧祥在陳鼓應家談到臺灣獨立的議題，在座十多人，記得信良，俊宏都在座。我說，這議題，用來作為競選題，爭取選票，尚可，但危險性是提出臺獨脫離中國，中國大陸絕不容許，那會是臺灣的災難。2018年，www.theintellectual.net（新大學）有楊雨亭和許信良的訪談，信良說：民進黨不是臺獨黨。信良一向提倡大膽西進，膽識過人。

臺灣獨立，作為個人信念，有所選擇，是個人的自由。領導人用臺灣獨立作為中華民國的方向，抗中，去中華文化，是對中華民國選民最大的不公平。

兩岸和平，應是政治人物最高的道德。做美國馬前卒，抗中反中，就要面對戰爭的風險。選擇高度自主，坐中國順風車，兩岸共同發展，是一個更安全的道路。讓中華民國選民，做個理性的選擇，攤開利弊得失，不誤導不高調，才是今天政治人物對中華民國選民，最負責任的做法。

我和邱立本，鄭樹森，先行擔任《大學雜誌》執行編委，我們三人都是香港僑生，都有一個基本概念，中華民國是中國大陸各省加臺灣福建的中華民國。《大學雜誌》在我們負責執行編委期間，沒有偏離這個立場。作為中華文化大家庭的一員，何害之有？

1970年代的《大學雜誌》的編委，都是不支薪的義工，教授，學生和黨幹，沒有當官的，也沒有國大代。選稿約稿都沒有私心，基於理念，加些責任感，都勤快專心。現在很多政黨人物，執政黨的利益大過國家利益，個人私利高於黨的利益，才會密房喬事，結私朋攬權圖利。高調臺灣獨立，是低估了中華民國選民的智慧。臺灣領導人應該說明，要把中華民國帶到那裡去。高唱獨立，拉美抗中，去中國化，面對戰爭風險。抑或是，選擇和平，在大家庭中坐順風車，同發展，共繁榮。2020大選，是重要的分水嶺，讓選民告訴政治人物，中華民國人民的選擇。

何步正

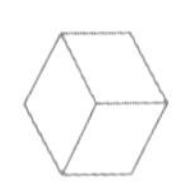

序

社會代議崛起的先驅

趙永茂　臺灣大學前副校長／臺灣大學政治學系名譽教授

臺灣知識青年從過去移民社會到現代民主社會的建立，一直扮演著關鍵性的領導與推動角色。例如日治後期臺灣文化協會等知識青年所推動的六三法的廢棄運動、臺灣議會設置運動；1960至70年代，臺灣各在野政黨、反對黨人士，要求廢除戒嚴與威權體制，追求文化、政黨及思想的自由，倡議民主臺灣、自由中國；在那個狂飆與傳承的年代，敢對強勢的統治權力說真話。當時參與《大學雜誌》的一批前輩知識份子，在臺灣最困難的年代，敢於挑戰列寧式的威權體制與政黨，致力推動民主國會、民主政黨與民主社會的變革，留下臺灣知識界一個巨大的歷史腳印。

1987年解嚴之後，威權、黨國體制面臨改造與轉型，政治、社會及媒體獲得更自由、多元的發展，經由三次民主政黨輪替以來，臺灣似乎仍然沒有改變從過去移民經濟社會的分裂與對立，而是發展出一種新的政黨政治的分裂與對立。使臺灣新發展的自由民主社會，面臨新的政黨政治的壟斷與把持，以及新經濟、社會、教育與政治的萎縮。

事實上，臺灣新的反對政治與反對社會正在形成中，中間選民不斷擴大，臺灣在解嚴與民主化之後，臺灣兩個主要的政黨，一直陷入統獨、兩岸與族群對立，以及選舉及追求政治權力的漩渦中，忘了臺灣民主需要再升級與深化，以及不斷連結、反思，如何結合臺灣新一代的知識、產業與專業社會，不斷的啟動政黨的民主改造，帶領、培育、結合新的政治領導人才，結合各級產業與專業社會的菁英，發展出新的公共治理與公共政策。

民主政治的成熟與深化，主要是建築在公民社會是否有成熟的公共參與；如果沒有發展成民主社會，就不會有堅固的政治監督與公共參與基礎，也不會有健全的民主

陳達弘與趙永茂（左一，臺灣大學政治學系名譽教授）

政治。因此，在這些發展基礎之上，國家便會逐漸從以政商代議、政黨與政商利益為主的國家，發展成為以國家、社會長期利益為主的政治；也會從選舉動員（政黨與政商動員）的國家，發展成為公民專業社會治理與政策動員的國家。在公共治理與地方治理的過程中，經由對政黨權力與能力、以及對政商結合結構的批判，也會促成專業、私利與公共利益的合作與平衡，並從這些私利與公共利益的衝突及治理協議過程中，加深政治、政黨與代議者的權力責任，進而轉化政治與社會的衝突與對立，發展成為政黨、政治與社會之間的協力合作與信任。

這些發展將有助於政黨反省力、公共責任與能力的提升，促成臺灣民主政黨的變革，與民主政治的深化。而這些發展讓我們想起《大學雜誌》的先進們追求自由民主臺灣的使命與情操，他們致力於當時威權體制的譴責、改造、呼籲，覺醒的倡議，社會力的分析以及政治包容。今天臺灣的知識界與青年，在緬懷他們追求「民主臺灣」，甚至「自由中國」的努力與胸懷時，仍然需要新的反省力、勇氣與行動。

趙永茂

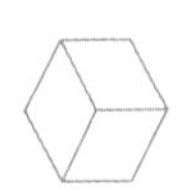

序

舊語言與新篇章：狂飆年代下的《大學雜誌》[1]

夏春祥　世新大學口語傳播學系專任教授

今年（2019）5月24日，臺灣社會正式施行「同性婚姻法案」，正式成為亞洲第一個對此爭議採取直接落實的國度；而從全球的視角來看，最早接受同性伴侶關係的荷蘭，也是於2001年才給予承認，目前在全球190餘國中則有20餘國加入了這個致力少數權益的陣營。在此專門法案執行後，許多相同性別的愛人得以走向婚姻彼岸高聲歡唱，一如傳統社會中的男女一般。只是從民主的角度出發，這一發展我們該如何看待呢?

2018年11月24日，中華民國全國性選舉公投時的民意展現，在1000萬左右的民眾中，認為民法關於一男一女的婚姻定義不該被改變者佔有七成(同意者765萬餘票／不同意290萬餘票)。這種多數人意志的體現應該視為是民主生活中的基石嗎?還是應從少數權益出發，不斷的讓各種差異可被重視呢?

就在公投結果朝向傳統價值的同時，臺灣社會中另案主張以民法婚姻以外的其他形式，保障同性生活權益的公投，卻也同時獲得通過。(同意者708萬餘票／不同意341萬餘票)。也就是說，被視為是盲目的多數群眾，在面臨選擇的投票時，也摸索出

註[1]　謹以此文獻給臺灣《科學月刊》創辦人老林(林孝信，1944-2015)，他在最後三年和我一起籌辦多場與《大學雜誌》有關的研討會、論壇，並致力於推動臺灣社會中對於釣魚臺關懷熱情的永續經營；他那寬闊格局與單純熱誠，為我們留下最深刻的典範。哲人已遠、千風難隨，但夙昔典型、精神永存。這篇序言式文字體現著他的觀點與意見，不敢掠美，部分內容則口頭發表於「繼重現狂飆論壇:大學雜誌50週年紀念」。

文化的可能出路之一；而在這兩案的同意票數中，我們可以看到有五十餘萬的差異，而在當時公投過程中，反對專法設立的臺北市議員苗博雅，就公開指陳另立專法，等同是過去美國白人對待黑人族群般，變相隔離同志族群，但在五月專法通過同性權益保障、歡呼果實成熟時，議員亦欣慰擁抱此一發展，這不免令人困惑。在似是而非、似非若是中，到底甚麼是民主、自由呢？他是內容？還是形式呢？

在這裡，若要更清楚地理解我們今日所在的位置，並面臨今日複雜多變的局勢，諸如在中國大陸與美國之間的貿易戰爭、英國脫歐、香港反送中等，我們就有必要回歸臺灣社會這股辯證動力發展的起點，也就是被視為是臺灣社會急劇變遷的1970年代；在當時，保釣運動、社會運動、民主運動在十餘年內接連開展，深刻地改變了臺灣的發展，並開啟日後的解除軍事戒嚴，完成了亞洲地區罕見的不流血民主化。

一、狂飆年代下的《大學雜誌》

而這個被視為是「狂飆年代」的階段，卻是在《大學雜誌》(1968-1987)的創立與轉型中被記錄下來；五十年後，這個狂飆年代所塑造的發展典範還繼續煥發光芒，成了新世紀第三世界國家興起的楷模。然而，在臺灣它卻幾乎被遺忘。

《大學雜誌》記錄了多段臺灣社會中與執政權力共舞的精采故事，高潮迭起中有其深沉的無奈與悲傷，只是生活中平常的老舊言語，卻也在當時綻放出極具色彩的嶄新篇章，實在值得我們認真凝視，反覆咀嚼；誠如羅馬共和國西賽羅（Marcus T. Cicero, 106 B.C.E. – 43 B.C.E.）所說的，不了解過去就永遠處於孩提狀態，不善用往昔成果，我們的世界必定永遠只是混沌初開。

簡單來說，《大學雜誌》是引發狂飆年代的一份啟蒙性雜誌。最早，它是臺大校園內年輕人在經歷1960年代初（1963）校園內、強調公德心極其重要的青年自覺運動後，想要做些甚麼事的心情，適巧碰到當時全球知識青年反叛的風潮，因此在閱讀外文期刊書報的同時，想要引入一些新穎的思潮與想法。1968年1月份《大學雜誌》第一期便誕生於這樣的環境之中。

初始，這雜誌可定義為讓民眾認識大學的校園讀物，或者也可以描述成是臺灣大學內部的同仁刊物，總編輯是當時的經濟系學生，但後來只出了三期便面臨難以為繼。已經畢業的臺大校友陸續加入，有錢的出錢，有力的出力，並在大學宿舍裡以校園行銷方式拓展銷量，大家共同的期待則是為了當時因黨國體制而沉悶的時代開闢一個提供新鮮空氣的窗戶。這初始階段的內容關懷，多集中在文化、思想與文學、藝術方面，內容傾向於1960年代稍早的《文星》，參與者也多是文化人士。

1968年下半年，《大學雜誌》還是難以為繼、困境依舊，於是轉而尋求更多奧援，包括了國民黨和青商會等社會團體的各類成員，並由出版商陳達弘接手。在此同時，1963年畢業於臺大哲學所的陳鼓應，因為個人求職的安全紀錄問題而與情治機關、國民黨中央黨部有所接觸。1969年8月，陳鼓應接到臺大哲學系講師聘書，並於1970年10月參與了兩次由中央黨部所舉辦的「社會青年人士座談會」（10月3日與10月24日），會後並由社會賢達提議改組雜誌，以回應當時在互動過程中，感受到國民黨暨當時秘書長張寶樹有意開放青年論政空間的意圖。當然，這樣的變化和1969年六、七月間蔣經國接任行政院副院長有關，更受到國民黨內蔣介石之後的權力更迭深刻影響。1969年9月第21期的內容中，便有一篇當時美國西屋公司放射線與核子研究所所長孫觀漢寫的〈我看不懂大學雜誌〉，可作為兩個不同階段內容差異的說明。

1970年12月前、後，《大學雜誌》改組擴充，編委會成員多來自兩次參加座談的成員；也就是說，菁英群體的人際網絡，是雜誌後來得以發展的實質基礎，因此《大學雜誌》由西方思潮的譯介一變成為軍事戒嚴時期中呼籲政治革新的言論機關。1971年，政治學者丘宏達出任名譽社長、陳少廷擔任社長、楊國樞任編輯委員會召集人，而當時的社務委員則涵蓋了胡佛、楊國樞、孫震、施啟揚、李鐘桂、李鴻禧、劉福增、許信良、包奕洪、連戰等人，支持者則是臺灣社會中的知識菁英，包括了本省與外省。當時，「懲治叛亂條例」的二條一，便是將三人以上聚集的有組織活動視為是叛亂；《大學雜誌》糾集了108位的社務委員，形成一個集體的力量。陳少廷與陳鼓應等人便曾指出，這一代的知識份子，希冀完成五四運動知識份子傳承下的未竟事業，將德先生（民主）與賽先生（科學）持續介紹到中國來，以期待藉由善意的批評和理智的建議，來協助與策勵政府完成現代化的理想。

二、老舊語言中的嶄新篇章

1971年1月發行的「創刊三週年紀念/特大號」，此時為《大學雜誌》第37期，也是我們今日對雜誌主要記憶的來源；當然這取得社會極大影響的記憶內容，包含從此之後到1973年1月第61期之間的各類文章。

這包括了當時由劉福增、陳鼓應、張紹文共同署名〈給蔣經國先生的信〉（第37

期），這在當時將非法逮捕視為是具合法意義的軍事戒嚴體制中是難以想像的。同期中尚有〈容忍與了解〉（陳鼓應）、〈學術自由與國家安全〉（陳少廷）、〈臺灣經濟發展的問題〉（邵雄峰）、〈消除現代化的三個障礙〉(張俊宏)等引起爭議的文章。在下一期（第38期）中，就有當時國民黨青年成員，也是雜誌社務委員的余雪明、李鍾桂、關中、施啟揚等人所聯名書寫的〈對上期的幾點意見〉，直接點明這幾篇文章的不妥。這種在不同期號之間、由不同意見構成的理性討論，現在看來也是相當稀有、珍貴的資產。

除此之外，跟著世界局勢動盪，先後發生了釣魚臺事件、退出聯合國、中日斷交等，這些抱有「風聲雨聲讀書聲，聲聲入耳；家事國事天下事，事事關心」傳統的當代知識份子，紛紛針對當時的敏感議題針砭時事。前者如近百名知識青年和中小企業家聯名發表的〈我們對釣魚臺問題的看法〉（第40期）、〈建國六十週年國是諍言〉、〈國是九論〉（第49期）等；後者的典型代表如張俊宏、許信良、張紹文、包奕洪共同掛名的長文〈臺灣社會力分析〉（第43-45期）、洪三雄等多人關注的「中央民意代表改選」問題，以及在後來與臺灣的統獨發展有著密切關連的〈這是該覺醒的時候（第47期），當時青年們對臺灣處境與自身命運的認真檢討等。

爾後，引發一場論戰、甚且衍伸出臺大哲學系事件（1972-1975）的〈開放學生運動〉（陳鼓應，第49期），主張執政當局應該讓年輕學生多說話，因為學生的嘗試表達意見是一場自覺運動、革新運動，更是一種愛國運動。只是，此文印行以後，引起了國民黨報紙《中央日報》的反擊，主張社會要安定、現狀不容破壞，視學生運動如洪水猛獸、打擊青年革新的副刊文章〈一個小市民的心聲〉（作者孤影，為「鼓應」諧音）高調發表，且被當時的教育部大為推廣至各級學校。而在1972年5月號的《大學雜誌》第53期，則有專欄討論「小市民的心聲」以為回應。在這一時期，值得討論的則是當時學生會主席撰寫的〈臺大社會服務團成立始末〉（第49期），該文追溯了從保釣運動以來臺灣社會內部的一些省思，文章指出青年們除了要作為社會的氣壓計，還要作為洗滌社會、擁抱人民的先鋒隊，這就是社會服務團的基本行動。

而從1973年1月校園氛圍開始轉變，《大學雜誌》雖仍正常出刊，但雜誌已再次改組，陳少廷與陳達弘負責後來的整個發展，而在這裡累積的人際關係網絡則繼續演變，不同關係的團體分別發展出1975年8月創刊的《臺灣政論》、10月發行的《中國論壇》、1976年2月的《夏潮》，以及1979年5月的《美麗島》等等；他們共同記錄了這些期刊反映出臺灣社會在解除軍事戒嚴之前的種種面向，也共同記錄了這一階段民眾對社會議題的普遍看法與尖銳爭議。

當然，《大學雜誌》本身發展至宣告停刊的1987年，並非完全與這些爭議無關，也可說是被馴化後的羅馬競技場，但已非當時民眾目光關注的主要戰場。從歷史的角度來說，它可說是那個時代情感結構（the structure of feeling）的忠實記錄者，雖然有著偏重官方的引導性，但仍是個重要參考。在政治議題方面，當時還無法在新聞中被公開討論，或引起爭議的各種事件，刊物都有觸及，例如〈228與延安〉(第124期，1979年4月，P86-91，謝傳聖）、〈美麗島事件〉(第130期，1979年12月），以及〈觀光大飯店附設『政治舞臺』中泰賓館『美麗島』『疾風』衝突始末〉(第130期，1979年12月)等；而在社會爭議部分，雜誌主題更是多方面觸及，有體制變遷與革新的相關議題（如刊登在1973年2月第62期討論的大學制度變革、1978年2月第113期討論的研究生獎助學金發放、1978年4月第114期討論的公務員通勤津貼），也有語言與族群問題（如刊登在1973年2月第62期討論的電視方言節目取締問題、後來衍生出1973年8月第67期討論的「國語」與「方言」爭議、1978年11月第119期在臺灣新文藝與中國文學之間的現代文學議題）。

這些都觸及到了一個現代社會的生活爭議：我們應該生活在甚麼樣的制度與生活環境之中？一則則的嶄新篇章，也都在現在看來比較老舊的編輯版面中呈現出來。典型者如1979年8月第126期控訴日本色情文化氾濫臺灣、由作家廖輝英撰寫的〈日本老二指向南臺灣少女〉，以及1978年5月第115期雜誌中由大學生擺地攤談大專生畢業出路的討論，讓人不禁聯想到2014年前、後被郭台銘批為浪費國家教育資源，卻在後來改變自己人生的博士雞排商人個案，而1979年8月第126期的〈香港、香港 如此天堂：香港殖民地滄桑史〉更讓人可以擁有理解今日香港反送中運動的跨文化與歷史縱深。

簡單來說，本書所蒐集的內容就是臺灣1970與80年代完整發展過程的目錄盒及索引簿，這不僅臺灣人需要看，所有關注兩岸下一步，以及第三世界未來的關懷者都應從中汲取經驗、教訓與智慧，特別是對帝國主義始終戒慎恐懼的讀者們。

三、民主是語言行動的文化

在整個近代史上，文人論政概念經常被當代知識菁英所提及，泛指晚清之後的中國知識份子以報紙作為表達媒介，並對國家社會提出意見與改革建言的文化現象。很明顯地，《大學雜誌》承繼了這個媒介的文化傳統，獨特的是它在1970年代將之轉化成為個人的知識份子特質與功能，並與現代社會中的公民概念相結合，這是一種最為獨特的推進，也是今日臺灣民主生活中遙遠的起點。

民主可貴的，並不是甚麼特殊的主張與內容，而是在於它如何孕育出看待不同意見的文化，繼而節制擁有權力者的濫用；其中很關鍵的乃是公眾委託的公共權力執行，也就是，政府公權力可以或應該在甚麼樣的場域中被落實與執行呢？在這點上，臺灣的民主文化顯然有些成績，前述臺灣社會中以專法保障同性生活權益的作法顯然可以作為例證，然而在過程中討論關係者的發言內容，卻可以理解到我們擁有的民主文化仍有很大的改善空間，而《大學雜誌》無疑是這個改良過程中一個值得重視的面向，不讓任何政治力量片面壟斷定義的空間，更應該將之視為是我們今日承繼狂飆運動中要思索的歷史遺產。在經典的《路易・波拿巴的霧月十八日》文章中，馬克思說的好：「使死人復生是為了讚美新的鬥爭，而不是為了勉強模仿舊的鬥爭；是為了提高想像中特定任務的意義，而不是為了迴避在現實中解決這個任務；是為了再度找到革命的精神，而不是為了讓革命的幽靈重新遊蕩起來。」

從歷史來看，當執政者從1950年代的反攻大陸，轉變到1970年代期刊討論並質疑「小市民心聲」的同時；整個社會發展的辯證動力，先是在保釣運動中的國家、民族想像中萌芽，然後是在1970年代百萬小時奉獻的社會服務理想中延伸，而後轉化成為各種面貌的實踐主張，《大學雜誌》用各種方式包括刊登、停刊、國內未發行等，體現了至今仍然亟需的一種理想主義，更是一種在後來統、獨論戰中漸次被撕裂的人文情懷。本文試圖緬懷的，便是這個在今日社會變遷中被忽略的課題，也試圖在被遺忘與被記憶中，重新形塑二十一世紀《大學雜誌》在民主自由上的嶄新意義：它的出場、轉型、再變和結束，印證的是民主文化的發展歷程，抗議、爭取之後更重要的是經營與治理，而如何在既有條件下找到延續下去的發展可能，則是每一代人民需要戰戰兢兢面對的關鍵契機。

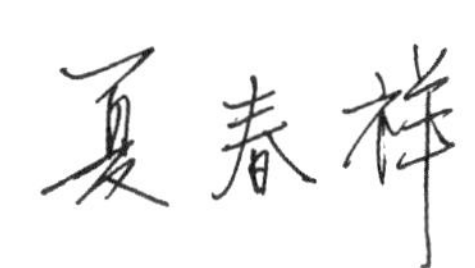

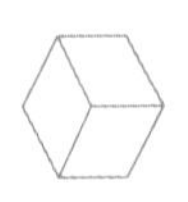

序

出色的知識份子的角色

林景淵 歷史學者／國立中興大學退休教授

出版物（書籍、雜誌等）乃是一個國家的文化、思想指標。70年來的臺灣，在國民政府遷臺初期，重要出版物幾乎由黨、政、軍包辦，內容當然大多是一些「政治八股文」。

60年代以後，逐漸出現《文星》、《人間》、《當代》、《思與言》…等坊間公開販售的文化理性出版物。其中又有了創刊於1968年的《大學雜誌》。

參與這一本雜誌工作（撰稿、編印、發行等）的青年知識份子，在創刊號一篇〈大學雜誌和你〉中有以下這一段話：

> 在眾多的專門典籍，找出你重要的知識；在不需要很多的預備知識的原則下，正確而愉快地介紹給你。大學教授讀起來覺得津津有味，三輪車伕讀起來也將欣然色喜。

在同一期（創刊號）中的〈編者的話〉，又強調：「我們希望《大學雜誌》能夠在我們的社會裡扮演一個出色的知識份子的角色。」

這一本再三強調由「青年」的「知識份子」辦起來的雜誌，查閱一下它的作者群，有了這一份參考名單（只錄1~12期）：

「大學論壇」──陳少廷、金耀基、杜維明、張潤書、李怡嚴、呂俊甫、劉福增、張金鑑、石永貴…。

「知識與思想」──余光中、王洪鈞、何秀煌、張系國、許倬雲、顏元叔、潦敬堯、成中英、王爾敏…。

「文學與藝術」──陳錦芳、陳紹鵬、林惺嶽、梁實秋、蘇雪林…。

這一份參考名單，在當時，確實大多是「青年」，也是「知識份子」。而且日後在臺灣文化界他們都有突出的表現。

更為重要的，這一本持續發行20年的《大學雜誌》，在「政治民主」、「言論自由」（引用陳達弘文章用詞）自然也有其具體貢獻。它像一支思想界號角，吹響那個年代的臺灣。

如今政治大學有鑑於《大學雜誌》的文化、歷史價值，推動複刻全套《大學雜誌》；在重新評估《大學雜誌》之歷史定位之同時，也用來檢視今日臺灣文化、輿論大環境，應該是很有意義的事。

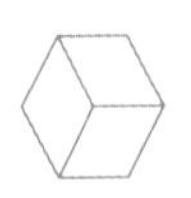

序

寶島往事並不如煙

邱立本　香港《亞洲周刊》總編輯

寶島的往事並不如煙。它像一齣老電影，最近不斷在夢中重演，勾起了很多早已塵封的記憶，慶幸近半個世紀之前，我曾經在陳達弘兄與楊國樞教授的麾下，參與《大學雜誌》的工作。這是一段青春燃燒的歲月，在我的個人生命史上，留下了深刻的烙印。

那是1971年（民國60年），我剛從國立政治大學經濟系畢業，21歲，參與了《大學雜誌》，擔任執行編輯，我的任務就是跑印刷廠、聯絡編委、整理稿件、下標題、校對，忙得不亦樂乎，但卻士氣高昂，因為這是一種理想的呼喚，推動當時臺灣的改革，讓中華民國從威權統治走出來，變身為自由民主與法治的社會。

其實我與《大學雜誌》結緣，早在大學時期就開始。《大學雜誌》創刊時，我在校園內也幫忙推銷。雜誌的領軍者之一的何步正，和我一樣都是香港僑生，他是臺大經濟系的學長。1971年間，他要回香港，就引薦我參與《大學雜誌》的工作。我記得當時的月薪是2500元新臺幣，每個月都是總編輯楊國樞拿臺大郵局的存摺和圖章給我，讓我自己去拿薪水。

儘管我是經濟系畢業，但我其實從香港念中學的時候，就是典型的文藝青年，對文學、哲學和思想史的研究，都狂熱的追求，熟讀臺灣的《自由中國》半月刊、《文星》雜誌，對於60年代臺灣的「中西文化大論戰」的唇槍舌劍，印象深刻。到了臺灣之後，就跟著一些臺大哲學系的學長，去溫州街的教授宿舍去找殷海光教授，他那時候已經被國民黨當局禁止教書，但他仍然鬥志昂揚，和我們這些「小朋友」暢談中華民族的未來，對於自由主義的理想，嚮往不已。我後來在政大校園，曾參加《政大僑生》雜誌的編輯工作。也正是這些文字的因緣，也讓我與《大學雜誌》

結緣。

印象中最重要的一期，就是「國是諍言」的專號，匯聚了當時海內外的專家學者，對蔣經國提出變革的呼喚，要走出威權專制的框框，但又強調這是體制內的改革，而不是體制外的革命，被輿論視為「革新保臺」派，掀起了社會上廣泛的討論。

其實早在這之前，我就參與臺灣改革派的內部討論。當時仍然在國民黨中央黨部上班的許信良、張俊宏和包奕洪等合著的《臺灣社會力分析》，寫作期間的腦力激盪討論，常常在臺北金門街的南美咖啡廳舉行。我好幾次就在旁邊做記錄、負責去買香煙等跑腿工作，也目睹這些敏銳的心靈，如何為臺灣構思一個更好的未來。

也就是在這些瀰漫著煙味與咖啡味的空間裡，我們不斷探索臺灣變革的空間。《大學雜誌》的英文名字是「The Intellectual」，也就是名副其實的「知識份子」，要肩負時代的責任。

但我最難忘的是，那時候的時代氛圍，都是超越省籍、超越統獨。編委會內部，都是融合不同的背景，不分地域，要為臺灣和中華民族更美好的未來而奮鬥。我們那時候當然沒有想到，幾十年後，我們很多的理想都已經實現，但很多的理想也失去了。我們也許已經贏得了民主，但失去了中國。臺灣的民主，是以「去中國化」為先決條件？這是當年始料未及的發展，也是臺灣歷史弔詭的道路。

因而回憶《大學雜誌》的歲月，不僅是懷舊，也是追溯那些消失了的時代精神，超越統獨之爭，反思臺灣不僅要贏得民主，也要贏得臺海永久的和平。

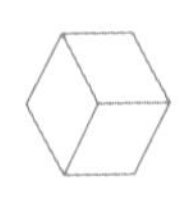

序

大學是社會的良心

洪三雄　前臺大學生社團主席／現任國票綜合證券公司董事長

蔣介石主政下的國民黨政府於1948年實施《動員戡亂時期臨時條款》；1949年兵敗退守臺灣，再行《動員戡亂時期懲治叛亂條例》，並由警備總部宣布臺灣開始戒嚴；1950年又施《動員戡亂時期檢肅匪諜條例》。迨至1991年此三大惡法廢止，其間長達42年，就是大家口說的「白色恐怖」統治。

《臨時條款》凍結了憲法條文，總統可不受法律限制宣布戒嚴和發布緊急命令；總統、副總統能無限期連任；中央民意代表（國大代表、立法委員、監察委員）不必改選而成為終身職。《檢肅匪諜條例》和《懲治叛亂條例》更成了政府整肅異己的工具，縱容特務機構可不經法律程序，恣意逮捕、審訊、監禁乃至殺害。這就是當時「白色恐怖」統治下的臺灣。

《大學雜誌》1968年創刊至1987年停刊，正好全部處在「白色恐怖」的年代。之前，臺灣有雷震、殷海光於1949年創辦的《自由中國》，提倡自由主義與民主制度。雷震不幸在1960年被捕入獄，殷海光則被迫解除臺大教職並加軟禁，《自由中國》遂停刊。主打「思想的、生活的、藝術的」《文星》雜誌1957年問世，李敖後來加入主編，提倡西化、宣揚民主，注重思想與批判，1965年被處「停刊」，他隨後亦遭軟禁、下獄的命運。

《大學雜誌》的出刊，正巧承襲了《自由中國》及《文星》雜誌，在「白色恐怖」籠罩之下，夾雜於既期待又恐懼的矛盾中，勇敢地掀開一扇輿論的明窗。最難能可貴的是，面對國事蜩螗、局勢動盪，卻仍揭櫫「大學之道，在明明德，在親民，在止於至善」的古訓，堅定地苦心經營，其歷史意義值得肯定。

1969年蔣經國接任行政院副院長，一般認為是為其接任院長、總統鋪路。《大學雜誌》也以之為臺灣命運的改革契機而廣開言論。在接續的關鍵三年中，臺灣歷經保釣運動、退出聯合國、美國總統尼克森訪問中國、中日斷交的層層衝擊。《大學雜誌》的論述和號召在那風雨飄搖的時代，儼然成為領導社會走向的標竿，並深深影響往後臺灣的發展。其犖犖大者略有：

其一、公開呼籲政府去除國家現代化的障礙，相繼提出〈給蔣經國先生的信〉、〈容忍與了解〉、〈學術自由與國家安全〉、〈臺灣社會力的分析〉、〈國是諍言〉、〈國是九論〉、〈支持全面改選中央民意代表〉等讜論，道出時勢的癥結、社會的不平和對民主、自由及法治的渴望，善盡為民喉舌的本份與言責，正好彌補了《自由中國》和《文星》雜誌殞落後，臺灣輿論界的一片空白。

其二、秉持「大學是社會的良心」，結合以《臺大法言》與「臺大法學院學生代表會」（「臺大法代會」）為首的70年代臺大學生運動，全力支持法代會主辦的「言論自由在臺大」和「民主生活在臺大」座談會、「中央民意代表應否全面改選」辯論會及「一個小市民的心聲」演講會，並照登記錄全文廣加宣導。陳鼓應在這一波接一波的學生運動裡幾乎無役不與，他甚至在座談會中主張「開放學生運動」，而引起〈一個小市民心聲〉鋪天蓋地的圍剿。此一臺灣史上第一批大學生勇於出面要求執政者改革的風潮，恰為相隔20年「解嚴」後的「野百合」學運預播下了火種。

其三、結合社會及大學菁英共組「社務委員會」，不分省籍、不論黨派一起倡議國是、集體發聲。一時之間人才輩出、百家爭鳴，沉寂已久的社會充滿革新的新氣象。一向以外省權貴寡占臺灣政壇的情勢因而鬆動，從此本土「青年才俊」方有機會逐漸被政府正視、任用，開始了所謂「吹臺青」時代。許信良、施啟揚、吳伯雄、林洋港等本土人士都是當時浮上檯面的。臺灣政治的本土化，於此始略現端倪。

1971～1972年我有幸主辦《臺大法言》，並協助陳玲玉主持「臺大法代會」。此期間，我們都具有一份共同的理想，希望臺灣成為一個民主的國家、法治的社會，人人得享有真正的自由和完整的人權。正因理念相同，《大學雜誌》編委中的陳少廷、陳鼓應、楊國樞、王文興、許信良、張俊宏等前輩，從臺大門外給予我們有力的精神支持，我們才能以初生之犢不畏虎之勢，站出來點燃杜鵑花城的學運烽火。

當時，我承《大學雜誌》社長陳少廷之邀，加入社務委員並撰寫社論。我們往來頻繁且經常促膝長談、臧否時政，故深知這位亦師亦友的前輩，是自由主義的忠實信徒。他對於民主自由的執著、不畏也不攀權勢的風骨、對臺灣未來的真知灼見，以及雖千萬人吾往矣的勇氣，正是《大學雜誌》所以能在那個政局不安的年代，屹立不搖的主要原因之一。

40幾年一轉眼就過去了。如今，戒嚴、報禁、黨禁都已解除；國會已經全面改選、北、高市長已從官派改為民選，總統也已人民直選。《大學雜誌》當年苦心追求的民主政治的時代似乎已經到來。但是，事實是否盡符理想？大家聽到、看到的當前臺灣社會，官品墮落導致民主腐化、權錢掛勾以致政治汙染、自由橫遭濫用、法治萎靡不彰，種種問題不斷浮現，思之不免令人搖頭三嘆。

正值《見證狂飆的年代：大學雜誌20年內容全紀錄提要》付梓問世而索序於我，面對文獻、梳理頭緒之餘，當年書生報國、奔走改革、鼓吹民主、爭取人權的往事歷歷在目。撫今思昔，難免感慨萬千。然而，所謂「以史為鏡，可以知興替；以人為鏡，可以知得失」。此書之出，若真能有助於後人的細心研究與深思並以之為借鑑，則感幸不已也。

達弘兄當年賣力為《大學雜誌》支撐財務度過層層難關，如今，又熱情不減、費神策畫整理本書，其心可敬、其情可感！謹誌以存念。

洪三雄

2019. 4. 30

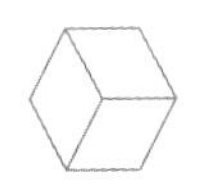

序

歷史需要保存，歷史更需要解讀與認識

劉吉軒　政治大學圖書館前館長

大學圖書館的核心任務之一，即是人文意涵與歷史紀錄的守護。政治大學圖書館於2007年開始積極推動數位典藏，目標為導入資訊科技，提升學術使用功能，為史料注入新生命，讓史料中的人文理念價值再次彰顯。

2012~2013年間，政大圖書館在陳鼓應教授的協助引介下，獲得《大學雜誌》發行人陳達弘先生提供未經審查之《大學雜誌》最具影響力時期（1971至1972年，第37-60期）之原始版本，並授權進行數位化保存與資料庫建置，成為有價值的學術研究素材。政大圖書館復於2013年11月舉辦「知識份子與臺灣民主化：大學雜誌」研討會，邀請走過歷史波濤的先行者，一起回顧一段艱辛的道路，包括南方朔（王杏慶）先生的專題演講及《大學雜誌》核心成員的座談，由洪三雄先生主持，與談人包括陳鼓應教授、張俊宏先生、陳達弘先生、陳玲玉律師及林孝信教授，共同思辨與激盪，帶領與會者一起認識人權民主思潮的孕育與成長過程。同時，也透過史料的學術研究發表，協助新世代的青年，重新認識臺灣社會的政治發展過程。

1970年代初期的《大學雜誌》，承襲1950年代雷震的《自由中國》、1960年代的《文星》雜誌，秉持自由主義，相繼發出人權民主改革呼聲，也具體而深刻的展現幾個世代的臺灣青年知識份子對人權的渴望、對民主政治的理想及對社會改革的啟迪。歷史需要保存，歷史更需要解讀與認識。欣聞陳達弘先生決定重新出版完整的《大學雜誌》，讓這群臺灣青年知識份子的思想與行動再次燃燒、閃耀，除了特予祝賀推薦，更期盼能啟發世界各地青年知識份子追求美好社會的熱情與勇氣，共同提升人類社會的文明福祉。

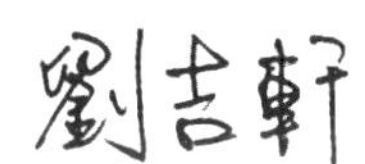

2019年4月20日

行政院新聞局出版事業登記證
局版臺誌字第零壹捌玖號
茲據陳達弘依照出版法
聲請登記經核合於規定准予發
給登記證
名　　稱　大學雜誌
發行人姓名　陳達弘
發行所名稱　大學雜誌社
發行所所在地　台北市
右給陳達弘收執
中華民國六十三年二月　日

行政院新聞局民國六十三年二月頒發《大學雜誌》出版事業登記證

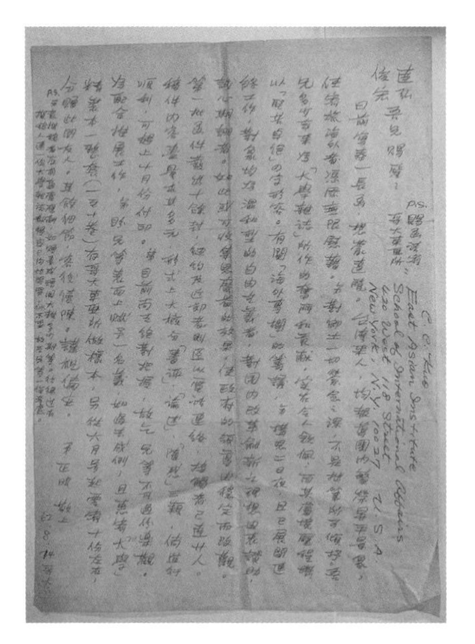

哥倫比亞大學東亞所郭正昭教授給《大學雜誌》創辦人函

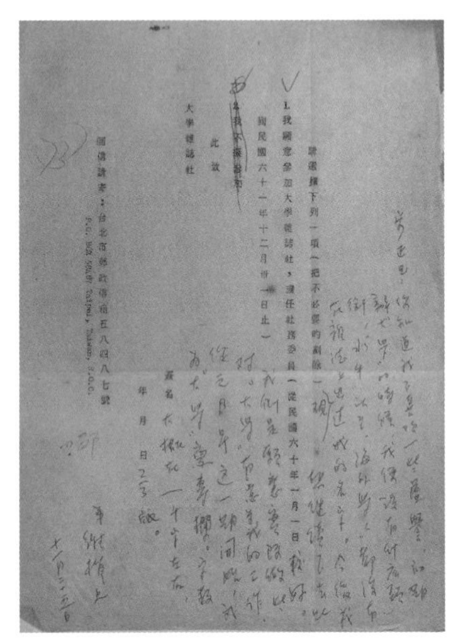
請選擇下列一項（把不必要的劃除）
1.我願意參加大學雜誌社，擔任社務委員（從民國六十年一月一日到民國六十一年十二月卅一日止）
2.我不擬參加
此致
大學雜誌社
簽名
年　月　日
回信請寄：台北市郵政信箱五八四八七號

鄧維楨擔任《大學雜誌》社務委員

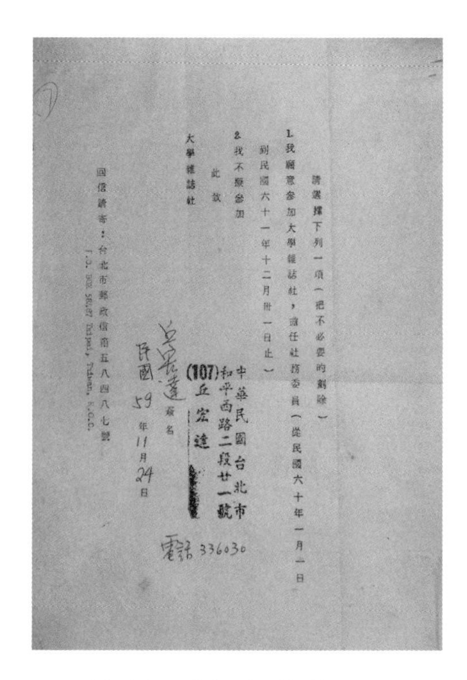

請選擇下列一項（把不必要的劃除）

1. 我願意參加大學雜誌社，擔任社務委員（從民國六十年一月一日到民國六十一年十二月卅一日止）

2. 我不願參加

此致

大學雜誌社

(107) 中華民國台北市和平西路二段廿一號 丘宏達

丘宏達 簽名

民國 59 年 11 月 24 日

電話 336030

回信請寄：台北市郵政信箱五八四八七號

P.O. BOX 58487 Taipei, Taiwan, R.O.C.

丘宏達擔任《大學雜誌》社務委員

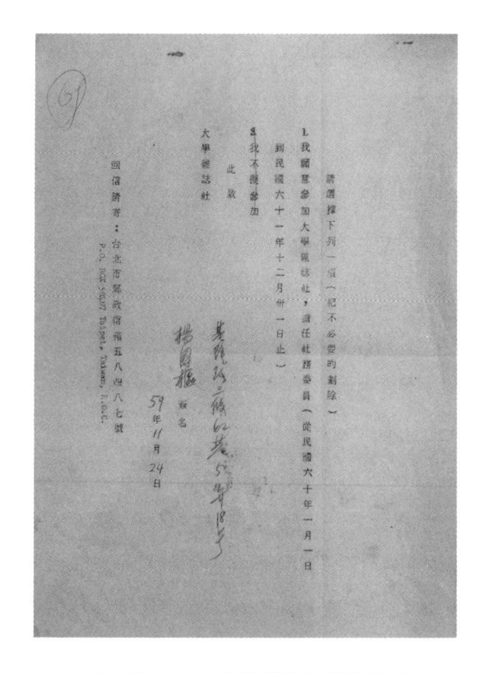

請選擇下列一項（把不必要的劃除）

1. 我願意參加大學雜誌社，擔任社務委員（從民國六十年一月一日到民國六十一年十二月卅一日止）

2. 我不願參加

此致

大學雜誌社

景美路三段62巷5弄18號

楊國樞 簽名

59 年 11 月 24 日

回信請寄：台北市郵政信箱五八四八七號

P.O. BOX 58487 Taipei, Taiwan, R.O.C.

楊國樞擔任《大學雜誌》社務委員

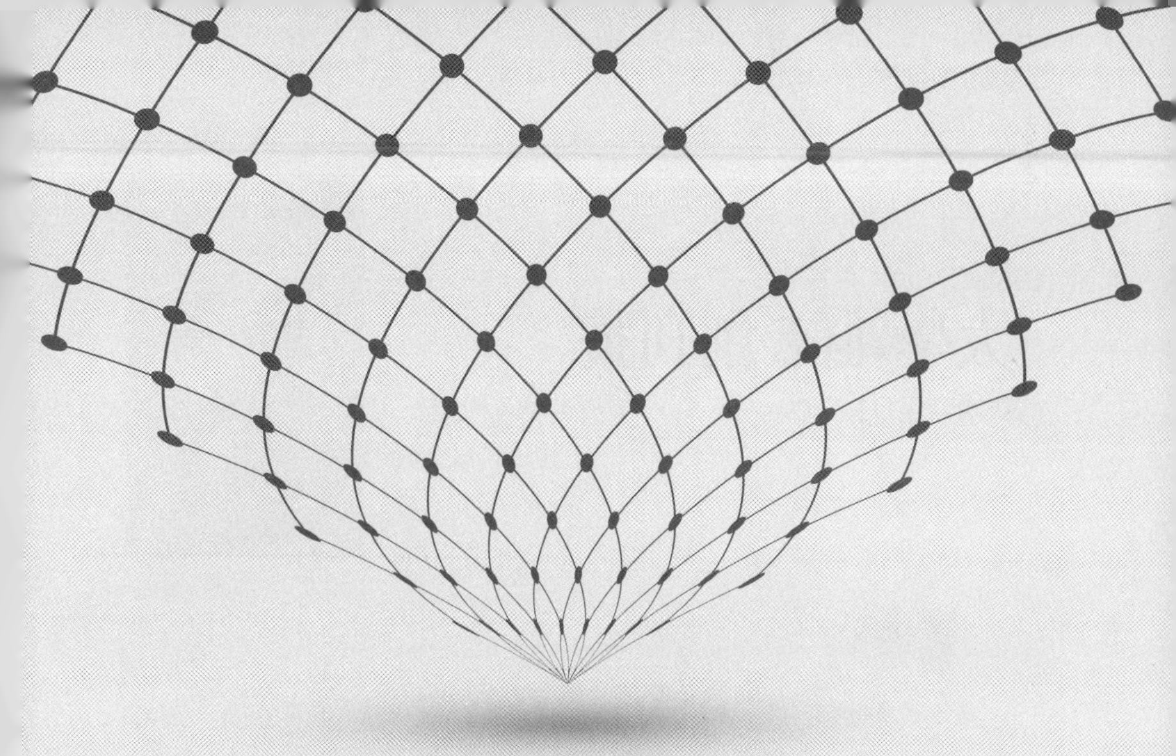

民國57年—民國76年

《大學雜誌》全輯

1968~1987

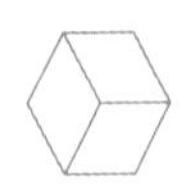

Issue No. 01

大學雜誌 創刊號

民國57年1月

創刊號封面

經過民國40年代（1951年至1960年）的危疑動盪，臺灣在50年代（1961年至1970年）進入威權政治過渡到民主政治的轉型時刻。其間扮演催生改革關鍵角色的，是由一群知識份子集結發聲的《大學雜誌》。

《大學雜誌》(THE INTELLECTUAL)在民國57年（1968年）元月1日創刊，實際創辦人是鄧維楨，版權頁刊出的發行人是鄧維楨的朋友林松祥，出版者是野人出版社（苗栗縣通霄鎮白東里143號），編輯者是《大學雜誌》編輯委員會（總編輯實際上是何步正），創刊號封面是義大利畫家莫地尼安尼的人像，由吳翰書設計。

創刊號之首有篇〈大學雜誌和你〉，標示《大學雜誌》提供讀者這樣的服務：「在眾多的專門典籍，找出你需要的知識。大學教授讀起來覺得津津有味，三輪車伕讀起來也將欣然色喜。我們都懂得用名畫來增輝家庭，用蜜絲佛陀來美麗姿容，當然更懂得訂一份出色的雜誌來高貴一個人的心靈。」

編者的信〈讓我們來做一個實驗〉，明白宣示《大學雜誌》要做一份知識份子的雜誌：「希望《大學雜誌》在我們的社會裡扮演一個出色的知識份子的角色。」文章提出要編者作者和讀者共同來從事一個實驗，看一看知識份子經由正直及公正的態度而發出的言論，是不是就不會贏得重視？在這個實驗中，編者要到處努力尋找傑出的知識份子，知識份子要勤勉而公正地提出批評和建議，而讀者要經常給編輯們打氣，打氣的方式有兩種：好的地方加以喝采，差勁的地方提出批評。這樣，實驗也許很快就會有一個結果：成功的，或是失敗的。

結果，《大學雜誌》經歷二百多期的偉大實驗，開啓了一個知識份子報國的黃金年代。

從創刊號目錄可以看出，《大學雜誌》文章分為三大專欄，包括「大學論壇」、「知識與人生」、「文學與藝術」。

第一期的「大學論壇」中，從事臺灣政治人類學研究的陳少廷，以〈這一代中國知識份子的責任〉為文，引述曾子的「士不可不弘毅，任重而道遠」，呼籲這一代的中國知識份子，繼承中國士大夫報效國家的優良傳統，肩負起救國建國，復興中華文化的重大使命。陳少廷特別強調，「以言論參與國是，是現代民主國家的國民，尤其是知識份子的一項無可讓渡的權利，更是一項無可逃避的責任。」

余光中也在創刊號上撰文，在「知識與人生」中以〈給莎士比亞的一封回信〉，用幽默筆法，諷刺文化官署和學術機構只重學歷，連莎士比亞申請來臺講學，都要百般刁難。「我們是一個講究學歷和資格的民族，在科舉的時代，講究的是進士，在科學的時代，講究的是博士」。

目錄

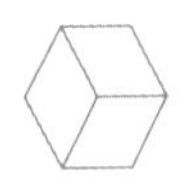

Issue No. 02

大學雜誌 第2期

民國57年2月

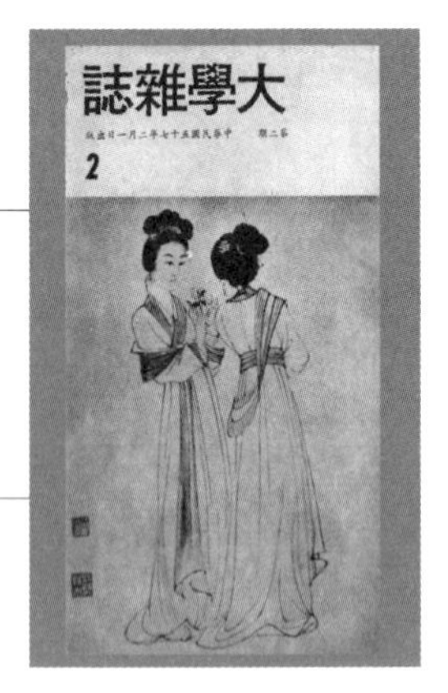

第2期封面

本期「大學論壇」有金耀基的〈中國新知識階層的建立與使命〉，他對中國的巨變及趨向，雖沒有胡適那種「不可救藥的樂觀」，卻具有條件性的樂觀，而這個條件是要看中國能否發展出「一個新的建構化的知識階層」，這個新知識階層包括大學教授與學生、學術機構、新聞系統以及獨立從事思想、文化的工作人員，是一個以知識、成就為基礎的階層，能成為一個對其他經濟的、宗教的、政治的、軍事的團體構成一制衡的力量，成為一個對國家社會的問題，提供真正智慧的意見的結構。

金耀基這篇文章，預示了《大學雜誌》扮演的角色，正如文章結尾說的，「新知識階層的功能在於對國是勇敢而誠實地提出真知灼見」。

目錄

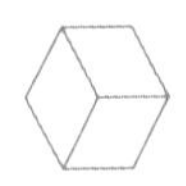

Issue No. 03

大學雜誌 第3期

民國57年3月

第3期封面

知識份子要如何為國家服務，不同的知識份子有不同的態度和見解，這一期的「大學論壇」有三篇文章，陳少廷、杜維明、羅業宏各自提出了他們的看法。

陳少廷〈加速知識工業的發展〉主張，中國要在新世界裡生存下去，只有加速發展她的知識工業。各大學、學術機構及其他研究中心，都是知識工業中重要的知識工廠。在揭櫫發展知識工業的同時，「我們不只要加深理智層次上的認知，更要呼籲所有從事知識工業活動的知識份子，以中國文化的現代化、科學化的前途為重，人人要發揮最大可能的貢獻。」

在美國普林斯頓大學讀書的杜維明，寫下〈在學術文化上建立自我〉，文中直指，當知識份子放棄了批判的精神和高於現實政治的理想，他就會失去了衡斷價值的獨立標準。於是金錢、官位和武器逐漸凌駕「知識」之上，「知識」份子的發言權被剝奪了，自身的存在也被全盤否定。杜維明建議知識份子要好好讀書和研究，才能成為現代中國的發言人，東西文化交流的見證者。

港大教授羅業宏鑑於年輕人容易受騙和激動，在〈怎樣成為一個真理追求者並打破奴役心靈的鎖鏈〉中，以哲學家羅素的觀點，提出免於受騙的方法，「如果你對任何事情有意見，你的意見必須用可靠的事實來做根據，而不是以希望或恐懼或偏見來做根據。」對付各色各樣的野心家，在事實面前，他們都要無計可施。

根據這一期的「稿約」，《大學雜誌》編輯部設於臺北縣景美鎮中正路626巷1號。

目錄

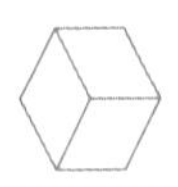

Issue No. 04

大學雜誌 第4期

民國57年4月

第4期封面

本期「大學論壇」，政大教授張潤書寫了一篇〈民主、守法、與節約：有望於這次臺灣省地方選舉〉，這是《大學雜誌》首次直接論及選舉。

這篇文章主要針對選風敗壞提出批判，呼籲候選人要有民主的風度，守法的精神，和節約的美德；在選民方面，要辨別是非，選賢與能；在政府方面，要公正無私，嚴格監選。張潤書預警指出，民主政治本來就不是一蹴可幾，如果在萌芽階段不加以小心維護保養，成功的希望是很渺茫的。

本期欄目稍有調整，除保留「大學論壇」外，另設「知識與思想」、「文學生活藝術」。

在「文學生活藝術」欄目下，臺大教授顏元叔有一篇〈反映與批評〉，對文學提出了富於挑戰性的見解：「文學批評生命」。他認為，一部作品即是作家對人生的觀感的結晶與表徵，也就是說，藉著一個戲劇化的具體故事，透露了他對人生的批評。因此，文學沒有模仿或反映人生，而是批評了人生。

目錄

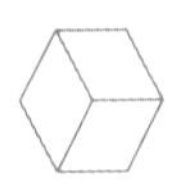

Issue No. 05

大學雜誌 第5期

民國57年5月

第5期封面

本期「大學論壇」，政治大學教授呂俊甫在〈如何提高大學教育的水準〉中建議，大學校長的任期，應該十年為度，必要時最多得延長五年。除此之外，還應針對優秀的教授、副教授重點調整其待遇；教授、副教授應訂定退休年齡以促進新陳代謝。大學校長應不應該有任期限制？張伯苓、蔡元培、傅斯年這些名教育家能不能給出答案？或許問題不在五年十年之爭，而是要如何選擇一位適當的大學校長。

根據版權頁顯示，本期起《大學雜誌》由環宇書局（臺北市太原路162號）擔任總經銷。

目 錄

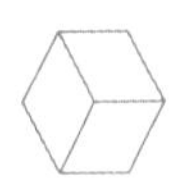

Issue No. 06

大學雜誌 第6期

民國57年6月

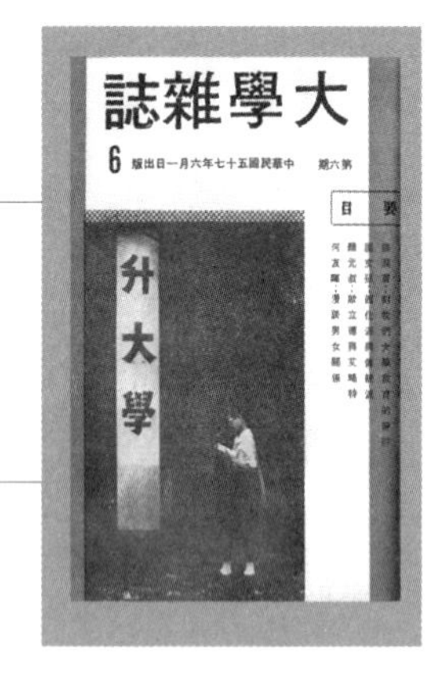

第6期封面

教育問題是本期重點，「大學論壇」有兩位教授的文章都與此有關。

臺大哲學系教授劉福增以〈現實、理想與犧牲〉，對應屆優秀高中畢業生填報大學志願提出誠懇建議。文中說，假如這些優秀而心靈活潑的學生不擔憂未來的生活，希望他們將有助謀生的科系讓給其他學生，而選讀藝術、音樂、文學、哲學、政治學、人類學、社會學、經濟學及其他純理論的學術研究。這是犧牲，但也是一種理想。

張潤書提出〈對我們大學教育的檢討〉，其中，「課堂上幾乎沒有學生主動向教授提出問題或表示意見」，「今日的大學裡充滿了夢想出國只管拿高分的遠走高飛派，和無所用心只求六十分的混混噩噩派」，「薪水的菲薄，使得大學教授們拚命兼課，拿著一份講稿，像放錄音機似的東賣西售」，「大學教授和學生們脫了節，彼此只有在上課時見見面，下了課各走各的，這樣的師生關係未免太商業了。」

這些現象，如今似乎並未改變。

目錄

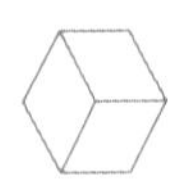

Issue No. 07

大學雜誌 第7期

民國57年7月

第7期封面

就讀臺大歷史研究所的曾祥鐸，本期寫了一篇〈學術界的批評風氣〉，他認為學術界的相互批評或辯論，只要心地光明，目標正當，是可以促使學術本身進步的。但從幾年前的中西文化論戰以來，帶來一些惡果，其中之一便是謾罵風氣的滋長。曾祥鐸主張，知識份子要審度自己的實力，「能說幾分話，才說幾分話」，必須向自己的良知負責。

本期起，《大學雜誌》編輯部改設臺北市金門街1號之5。

目 錄

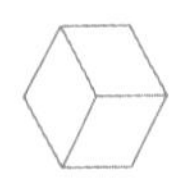

Issue No. 08

大學雜誌 第8期

民國57年8月

第8期封面

提要

哈佛大學哲學博士、臺大客座哲學教授成中英，和威斯康辛大學博士、臺大教授顏元叔，兩位學者在臺大進行了一場少見的「聯合演講」，共同討論了「文學、哲學與人生」，演講內容刊登在本期《大學雜誌》。成中英首先發言，提出「哲學把生活本身當作對象，來做概念化的處理」，顏元叔則主張「文學是哲學的戲劇化」。接著，成中英發表「對顏元叔先生談話的評論」，顏元叔以「對成中英先生評論的回答」作結。

成中英表示，這次嘗試，希望能激發同學研討及思考的興趣，更希望提高不同知識部門可以就相同問題發抒意見。

《大學雜誌》本期目錄頁增列社長一職，由張潤書出任。編輯部改設臺北市和平東路一段11巷9號之1。

目錄

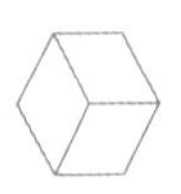

Issue No. 09

大學雜誌 第9期

民國57年9月

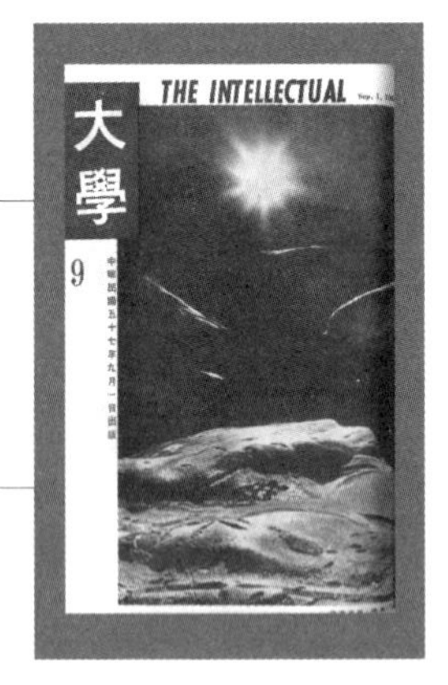

第9期封面

提要

張金鑑在大學論壇發表〈大學研究所教學的成就與改進〉，指出自民國43年各大學設置研究所以來，已培育相當數量的碩士博士，填補了學術界的空虛，但有待改進之處仍多。他建議，應寬研究經費、加強教授陣容、充實研究設備、改良教學方法、編製適用教材、解決學生生活。

任教夏威夷大學的劉述先，則在社會與人生專欄中討論〈當前大學生應取的態度〉。他建議大學生要在知識追求和社會參與，在理想與現實間取得平衡，確立目標後，就努力實踐，無所怨尤。

目錄

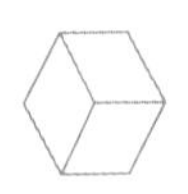

Issue No. 10

大學雜誌 第10期

民國57年10月

第10期封面

提要

陳少廷在本期寫了〈急速發展吾國的社會科學〉，很沉痛地指出，臺灣在社會科學的努力及成就，「今遠不如昔」。他呼籲有關當局重視問題，更企望有更多的青年學子獻身於發展社會科學的工作，使臺灣的社會科學由「起身」邁向「成長」。

石永貴寫了一篇〈解開留學生問題的結〉，他覺得，留學生大多數都有經濟上的困難，但政府有足夠的能力負起在美學生的在學費用嗎？石永貴主張，解決留學生的問題，不能單靠政府，留學生自己也要站起來，幫助自己，幫助祖國。另外，成立互助組織、與華僑社會密切結合，也是可行之道。政府要做的，是對留學生主動提供必要的支援，加強留學生與國內學術界的交流，讓臺灣在海外的可用之才越來越多，對國家的向心力越來越強，「每位留學生一天為國家說一句話，日積月累，足以形成強大無比的國民外交隊伍」。

目錄

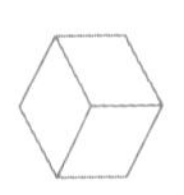

Issue No. 11

大學雜誌 第11期

民國57年11月

第11期封面

提要

《大學雜誌》社長張潤書發表〈消弭崇洋與媚外的風氣〉，感嘆民族正氣和自信心正受到嚴重的威脅，也就是崇洋媚外的風氣不知不覺地浸蝕著我們，教人怵目驚心。張潤書強調，他不是反對接受外國文化，尤其是吸收人家的長處，但毫無立場的崇洋媚外，的確不是一個獨立國家的人民應有的現象，必須趕快設法消弭這股邪風。

執教於清華大學核子工程學系的鄧維祥，寫了一篇〈核子時代的衝擊〉，預告臺灣即將步入核子時代，而這也是全世界的趨勢，「我們不能往回走，因此我們必須學會好好地及安全地控制核能。」鄧維祥提供富於哲學意味的思考方向：「我們寄望核子時代帶來物質空前的富有，然而社會卻有遭到解體的威脅，個人將受到貶值。倘若技術不受管束而變成脫韁之馬，那麼騷亂將使核能的恩澤罩上可怕的黑影，而核子時代將成為一個自動化的地獄。」

目錄

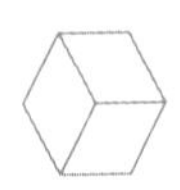

Issue No. 12

大學雜誌 第12期

民國57年12月

第12期封面

提要

徐復觀在本期寫了〈中國知識份子的責任〉，他認為知識份子和技術人員是有區別的，技術人員可以被各種形態的極權專制者所容甚至需要，知識份子則必然被極權專制者所排斥。凡不是生長在民主制度下的知識份子，必然是帶著悲劇性的命運。徐復觀直指，中國知識份子的責任，乃在求得各種正確知識，冒悲劇性的危險，不逃避，不詭隨，把自己所認為而為現實所需要的知識，影響到社會上去。「要憑著自己所把握的知識去影響社會，在知識後面，更要有人格的支持力量。」

本期還推出「在西方文化陰影下的臺灣」座談會紀錄，顏元叔、郭正昭、馬莊穆、張景涵（張俊宏）、王曉波、何步正、洛夫、瘂弦、徐正光等人，探討在西方烈日下的恐慌與反抗、陰影下的知識份子、文化變遷中的調適等。在現代化的過程中，臺灣遭到漫長而龐大的阻力，如何看待中西文化的衝擊，提出因應之道，與會的知識份子、文化精英，有精采的論辯。

目錄

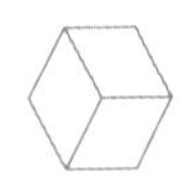

Issue No. 13

大學雜誌 第13期

民國58年1月

第13期封面

提要

民國58年（1969年）《大學雜誌》邁向第二年，陳少廷發表「論知識份子底新角色」，他指出，批評「現狀」而不僅僅成為它的僕人，是知識份子在其他方面的適當角色。他的主要任務並非攻擊政策，而是詳審政策。不斷地自我批評，不斷地以知識及道義批評社會的現狀，進而促成其改革，是知識份子傳統的天職，也是其正當的角色。至於當代中國的文士們是否能勝任這項天職，這得端視他們本身的條件如何了。作者認為，徐復觀教授說的「堂堂正正地人」似乎是這個條件的起碼標準。

徐復觀在本期寫了一篇「西方文化沒有陰影」，這是對上期《大學雜誌》「在西方文化陰影下的臺灣」座談會紀錄的回應。徐復觀認為，近代的西方文化，對人類來說，應當是一種光輝，而不是一種陰影。今日的臺灣確實籠罩著一片陰影，但這種陰影，不是從西方文化本身發出來的，而是從西方文化通過西方人的國家意識所發生出來的。

目錄

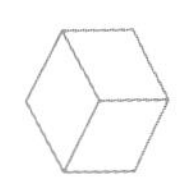

Issue No. 14

大學雜誌 第14期

民國58年2月

第14期封面

本期版權頁拿掉了「社長張潤書」字樣。

近代大儒熊十力在上一年（民國57年，1968年）以86歲高齡在上海逝世，杜維明用〈消弭學術界的趨時風氣〉，介紹熊十力在「十力語要」中對一些學人風氣的憂心。熊十力覺得「吾國學人總好追逐風氣，一時之所尚，則羣起而趨其途，如海上逐臭之夫，莫名所以。」杜維明指出，存在主義、行為科學、社區發展乃至心理分析，現在都變成常用辭彙，但這些學問仍舊無法在中國的土地上生根。

從第14期起，《大學雜誌》增加一個專欄：「大學生」，期待不願虛度黃金年代的大學生們，在這個專欄抒發感想，發揮才華，讓社會聽到大學生的呼聲。本期收錄有楊升橋、黃春麗、古偉瀛的文章。

目錄

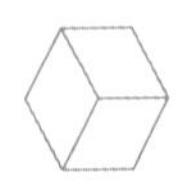

Issue No. 15

大學雜誌 第15期

民國58年3月

第15期封面

提要

任教美國南伊大的劉述先，在本期寫了〈漫談留學心理〉，他認為在當前特殊的情勢之下，留學是無可避免的趨勢，問題是，究竟怎樣的人才需要出國，出國在心理上要有怎樣充分的準備。如果可以預料留學可能會遭逢的問題，應付起來就不至於張皇失措。

繼上期推出「大學生」專欄，《大學雜誌》本期又推出「域外集」專欄，由一羣極富熱情的海外留學生執筆，發表意見，討論問題，讓臺灣的讀者可以聽到千里外青年留學生的心聲。〈域外集緣起〉寫道，「置身域外的我們，多少也體會到域外人的孤寂和苦悶，但我們相信這一代的中國留學生仍能為中國做一點事。」

「域外集」由劉大任擔任主編。

目錄

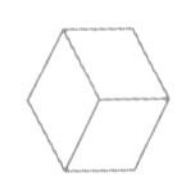

Issue No. 16

大學雜誌 第16期

民國58年4月

第16期封面

本期《大學雜誌》推出重量級的座談會紀錄，李登輝出席了這項座談。

座談會主題是「泛談當前臺灣農村經濟問題」，細分為五項子題：雙重經濟結構下的臺灣農村經濟、農村人口的外移與農業勞力不足問題、保護工業與農業用品價格偏高問題、發展工業與農工業用地競爭問題、二十年後臺灣農村景象的展望。與會者談的問題很廣，希望對政府決策者和知識份子具有參考價值。全文分三期刊出，本期刊出的是第一部分「雙重經濟結構下的臺灣農村經濟」。

參加這項座談會的除康乃爾大學農經博士李登輝外，還有明尼蘇達大學農經碩士吳同權、賓州大學農經博士許文富、服務於糧食局統計室的陳榮波、中央研究院民族所副研究員文崇一、夏威夷大學農經碩士史濟增、美國Vanderbilt大學經濟學碩士劉錚錚、夏威夷大學農經碩士賴文輝。

目錄

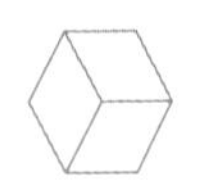

Issue No. 17

大學雜誌 第17期

民國58年5月

第17期封面

自本期起，《大學雜誌》發行人換由張育宏（張俊宏胞兄）擔任，出版者改為大學雜誌社，總經銷仍為環宇書局。

民國58年5月4日，「五四」已過了半世紀，陳少廷在大學論壇發表〈紀念五四運動的第五十週年〉。他肯定五四是中國學生愛國運動史上，最光輝的一頁，它的精神，更是中國現代化運動的衝撞力，但很不幸地，它又是一個爭論最多的歷史事件。陳少廷認為，只有認清它的真相，了解它的真義，才能策勵這一代知識份子，完成五四未竟的事業。他說，要使中國現代化，必須從思想的現代化做起，以文化思想的革新，帶動社會政治的全面革新，這是五四運動永久的歷史意義。

目錄

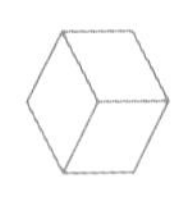

Issue No. 18

大學雜誌 第18期

民國58年6月

第18期封面

提要

本期起，《大學雜誌》封面由美術家郭承豐設計。

女性議題是本期重點，摘譯法國女作家Simone de Beauvoir名著《愛情與女性》，她係當前法國頗有盛譽的作家，獲有博士學位，被公認是法國最優異的知識份子領袖，她的戲劇、小說、論說都可列入第一流作品。本期相關文章還有譚愛梅的「從女性限額談到當前社會勞動力量的癥結」，陳孟忠的「聯招不必限制女性」，甄燊港的〈女性與道理〉。

學生作者是《大學雜誌》的特色，臺大考古人類學系研究生黃岷寫〈近百年來中國現代化的過程〉，政工幹校新聞系學生曹近曦寫〈容閎與中國現代化〉，談的是歷史，卻都對臺灣當前現代化發展有啓示作用。

目 錄

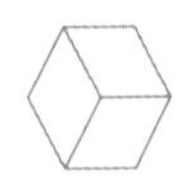

Issue No. 19

大學雜誌 第19期（停刊）

民國58年7月

民國58年（1969年）7月號《大學雜誌》並未出刊，據第20期該社的說明，是因執筆和為雜誌工作的教授學生們，為期終考試或季節性因素而忙碌，社方以「寧缺勿濫」決定暫緩一期。

暫緩一期

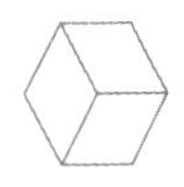

Issue No. 20

大學雜誌 第20期

民國58年8月

第20期封面

本期推出「留學問題專輯」，由金耀基、梅德純、莊稼漢、劉述先、張系國、孫震、王曉波、袁家元、陳秉言撰稿，這些作者有的已經留學歸來，有的正在國外攻讀，有的尚未出國，雖身分有別，但都從不同的角度，探討這一關係國家發展，影響青年前途的重大問題。

留學，一向是大多數青年切身而不得不關心的大問題。每年暑假留學熱季，數以千計的青年學子衝過一道道關卡後，帶著一顆三分不安卻掩藏不住興奮的心情，像一股熱潮湧出國門，飛向陌生的「異鄉」，暫時成了「沒有根的一代」。《大學雜誌》自許為知識青年共有的園地，推出這個專輯，就是讓各方暢所欲言，以盡言責。

目錄

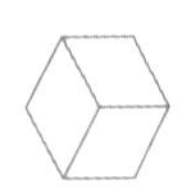

Issue No. 21

大學雜誌 第21期

民國58年9月

第21期封面

本期推出「知識的爆發和高等教育問題專輯」，記錄了張建邦、陳三井、何景賢、蘇雲峰、胡基峻、紐撫民等學者在淡江文理學院（淡江大學前身）的座談內容。

電腦的問世，更助長科學的突飛猛進，知識的發展可説千百倍於往日，高等教育面臨知識的爆發，如何迎頭趕上適應時代的潮流，是值得重視的課題。此專輯談的內容，涵蓋了學生在校時應吸取何種知識？用何種方法去吸取？教授在新式教學中扮演何種角色？

本期的「文學與藝術」專欄也很夠分量，尉天驄、羅門、常喚都是本專欄的作者群。

目錄

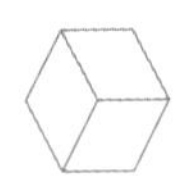

Issue No. 22

大學雜誌 第22期

民國58年10月

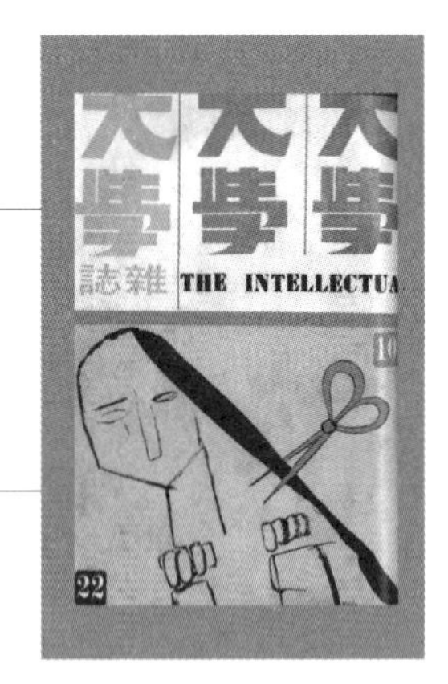

第22期封面

提要

10月出刊的《大學雜誌》，以「本社」名義，發表〈慶祝五十八年國慶：論政治的革新〉，以慶祝國慶為名，實際上談的是革新，也就是代表當前知識青年對國是提出一些建言。這些建言，主要是人事的革新，希望當局建設臺灣成為人才的綠洲，讓國內人才不外流，留居國外的人才歸國共襄建國盛舉。其次就是使更多青年才俊為國家注入新血，開創新的局面。另一項受到注目的革新，是政風的整飭，文章指出，只有確立嚴格的法治典範，才有長久穩定的社會和政局。

本期《大學雜誌》版權頁增設社長一職，由張襄玉擔任。

目 錄

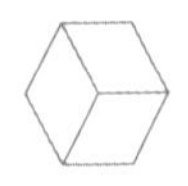

Issue No. 23

大學雜誌 第23期

民國58年11月

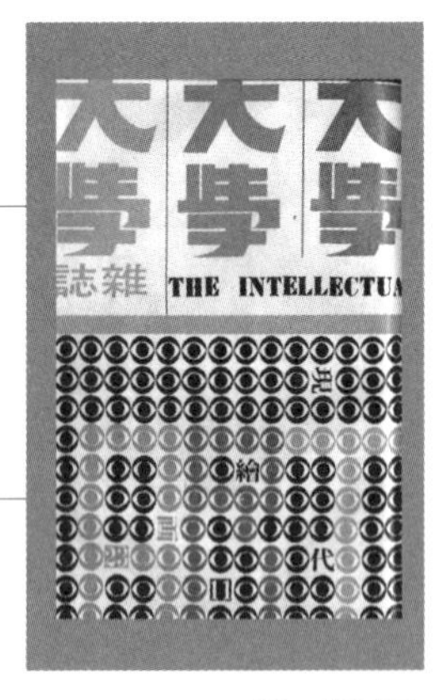

第23期封面

自第23期起，版權頁除發行人仍由張育宏掛名外，又加上總編輯何步正，總經理陳達弘，張襄玉不再掛社長名義。環宇書局則從總經銷改為總代理。陳達弘自此期起，實際接手《大學雜誌》。

本期推出「繪畫及散文專輯」，執筆的有郭承豐（《大學雜誌》封面設計者）、莊喆、王玉芸、菩提、陳慧樺、也斯、常喚、冷雲等。

《大學雜誌》從第一期起就有「文學與藝術」專欄，有固定的版面，封面經常放上繪畫或攝影作品，足見《大學雜誌》除了濃厚的知識份子性格外，也非常重視文藝內涵。

「繪畫及散文專輯」有藝壇動態，有畫家介紹，也有散文創作，占了本期雜誌頗多篇幅。

目 錄

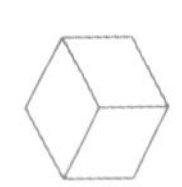

Issue No. 24

大學雜誌 第24期

民國58年12月

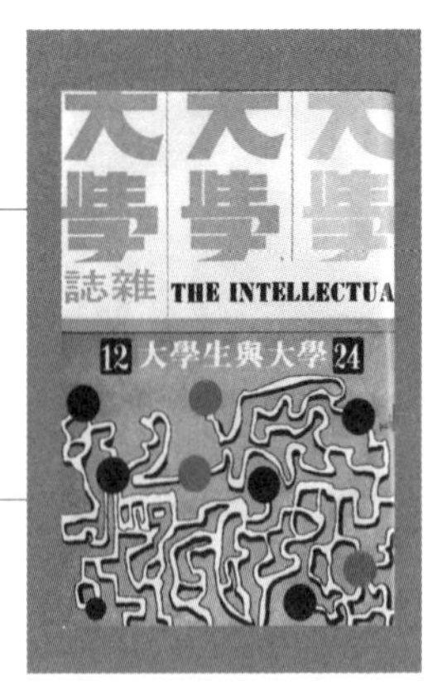

第24期封面

提要

李登輝在本期大學論壇發表〈臺灣農業發展的基本問題與政策〉，文章指出，民國54年（1965）以來，農業環境與一般經濟的基本條件起了很大的變化，在現階段，工業的高度成長勢必影響農工資源之間的競爭。李登輝主張採取必要措施及新農產品價格政策，以維持農工之平衡發展。

陳鼓應在師大演講「談談王尚義的作品」，講詞刊本期《大學雜誌》。王尚義寫過《從異鄉人到失落的一代》、《野鴿子的黃昏》，他和他的作品，對知識份子和中學以上學生，具有絕大影響力。陳鼓應演講時說，「尚義是一個令人難忘的朋友，特別是他那種漠視俗務的神態，以及在朋友中所產生的那股說不出的親和力」。但陳鼓應也說，他要儘可能不帶著友情的有色眼鏡，評價王尚義的作品。

本期版權頁，增列鄭樹森（第25期起改用筆名鄭臻）為副總編輯。

目錄

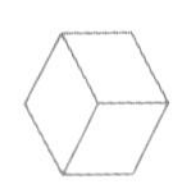

Issue No. 25

大學雜誌 第25期

民國59年1月

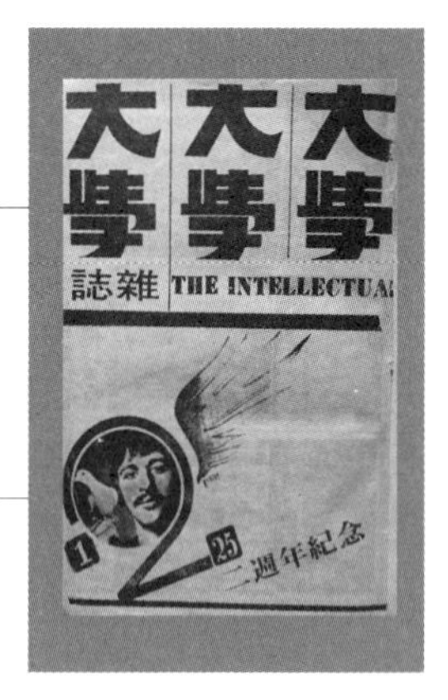

第25期封面

提要

民國59年（1970年）《大學雜誌》邁入第三年，《大學雜誌》在這一期有陳少廷的〈論學者與政治〉，還有陳鼓應的〈瑣憶殷海光老師〉，觸及了幾位當代傑出的知識份子。

陳少廷提出一個問題：學者是否宜於從政？他舉徐道鄰和蔣廷黻為例，徐道鄰是知識份子涉身宦海得不償失的例子，但他還算是潔身自愛，最終辭官回到學術界。蔣廷黻則以學問才識馳名國際，他認為知識份子與政治的關係是切身的。作者則指出，事實上，在傳統的官僚政治結構之下，潔身自愛的學者，很難有施展政治抱負的機會，能不同流合污就很難能可貴了。

殷海光是位熱情而富理想主義的知識份子，陳鼓應在〈瑣憶殷海光老師〉中，談到他和殷海光之間的許多故事，點點滴滴，映照出殷海光巨人般的知識份子身影。陳鼓應感慨道，要想再找一位益師良友，一起談談學問，編織夢幻，已不復再有了。

另外，何秀煌寫了一篇〈政風、教育與留學生〉，談到歷年來成千上萬留學生跨出國門，卻只有寥以百計地返國服務。在表面原因之外，更基本更關鍵的因素是什麼？何秀煌提到，原因是留學生不喜歡臺灣的社會風氣與政治風氣，而臺灣的教育措施與方針，以及號召留學生歸國的待遇與心態，也有諸多值得檢討之處。

目錄

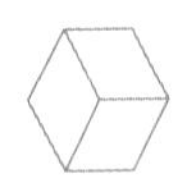

Issue No. 26

大學雜誌 第26期

民國59年2月

第26期封面

提要

這一期，《大學雜誌》在耕莘文教院辦了一場座談，探討「取消師大畢業生展緩服務並延長服務年限的商榷」，列席的有陳鼓應、滿而溢修士，以及《大學雜誌》同仁張景涵（張俊宏，臺大政研所畢業）、何步正（臺大經四）、甄燊港（臺大政四），還有師大多位同學及校友。師大學生對畢業後須服5年方能出國進修的新規定，各抒己見，而反對者居多數，最主要的原因，是新規定使師大畢業生在他們身心發展的最好階段中失去繼續深造的機會。

這個座談會議題是陳鼓應引發的，他在一次閒談中提到他對這個新規程的看法，因而引起《大學雜誌》決定舉辦這個座談會。參與座談的幾乎都是學生，看得出《大學雜誌》對校園的經營非常深入而用心。

目錄｜

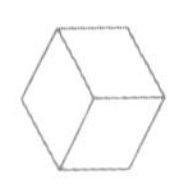

Issue No. 27

大學雜誌 第27期

民國59年3月

第27期封面

上期馮耀明、甄燊港對何秀煌的批評，引起了不少回響，洪萬生的〈逃避與承擔一文的商榷〉認為，何秀煌剖析了造成留學生不歸的原因，列舉了很多問題和困難，而馮文則主張留學生應義無反顧，學成一律歸國，洪萬生認為兩人信心可感，但作為嚴謹的批評似不太恰當。

王曉波也寫了〈刺偏了的矛頭〉，對馮甄二位的愛國情懷和對中國苦難的擔當，表示感佩，但認為他們的矛頭是刺錯了對象，因為何秀煌同樣是在指陳臺灣青年缺乏理想，喪失熱情的事實，並很嚴厲地指責這代青年的表現。王曉波指何秀煌是「少數出國而不忘其志」的朋友，與馮甄二位主張的價值，其實並不違背。

本期「名人傳記」有一篇陳鳳翔的〈我所見晚年的左舜生先生〉，憶及前一年（民國58年，1969年）去世的青年黨元老左舜生。民國12年，左舜生和曾慕韓在巴黎創立中國青年黨，一生熱愛國家，堅決反共。晚年居港，除教書外，平時以寫作賣文為生，生活清苦。作者常幫左舜生謄清抄錄文章，也陪他逛書店，對左舜生有很多近距離的觀察。

本期版權頁新添藝術編輯阮義忠。

目 錄

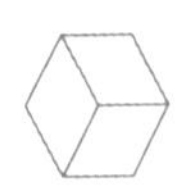

Issue No. 28

大學雜誌 第28期

民國59年4月

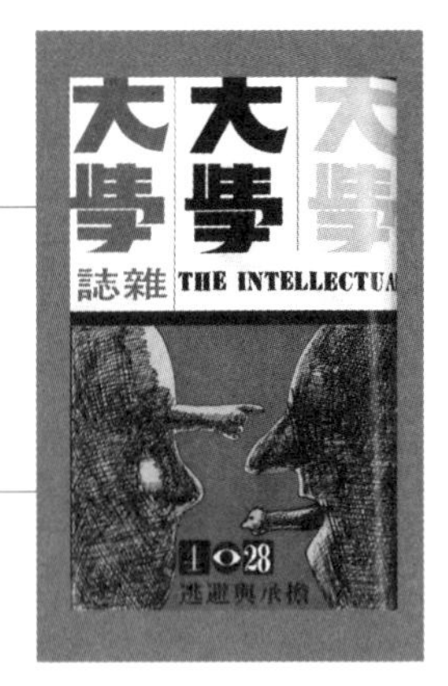

第28期封面

提要

李登輝在《大學雜誌》寫過不少對臺灣農業的建言，本期又發表〈如何推行現階段農業改革〉，除分析當前農業問題的癥結，還提出改革建議，包括擴大農業經營規模，推行農業機械化，充裕農業生產資材，穩定農產價格，改革農業金融制度，改善農業生產結構與土地利用。

本期「名人傳記」，郭梵農以〈王光祈的志業與平生〉，介紹少年中國學會發起人王光祈。王光祈是五四時代的怪傑，是詩人，是社會運動家，是新聞記者，是史學工作者，也是音樂思想家。他磊落而悲愴的一生，堅持的是對改造社會的堅持。可惜的是，正如作者寫的，王光祈似乎早已從人們的歷史視野中退隱了，成了人們最不應該遺忘的陌生人。

目錄

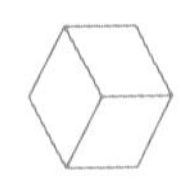

Issue No. 29

大學雜誌 第29期

民國59年5月

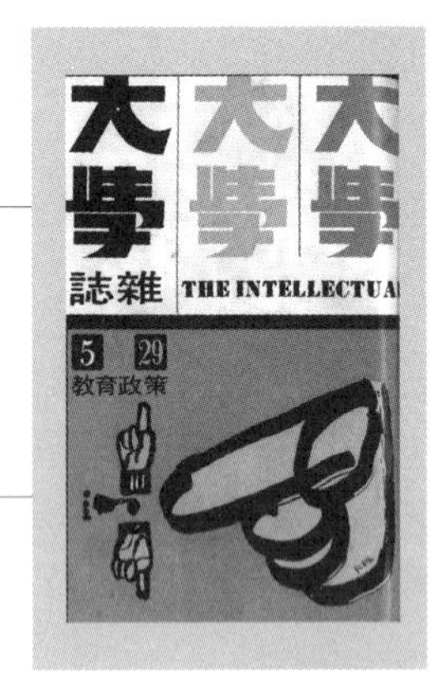

第29期封面

作為一本知識份子的刊物，教育問題一直是《大學雜誌》重視的焦點，本期推出臺大研究生協會舉辦的「今後教育政策所應努力的方向」座談會，出席的有楊國樞、成中英、呂俊甫、儲應瑞、王文俊、賈馥銘，由《大學雜誌》特派員黃碧端記錄。座談會探討三個子題：從理論上探討教育目標、現行教育目標及其研討、今後教育所應努力的方向。

韋政通新書《知識份子的責任》自序，也刊在本期《大學雜誌》。他認為，對現實問題表示意見，是一個知識份子應盡的責任。近年來，韋政通對政府有關社會、文化、教育的許多措施，提出了建議和批評。作者說，並不是他對每一個問題都具備專門的知識，而是因為他對與許多人切身相關的事，有一股壓抑不住的關切之情。

目錄

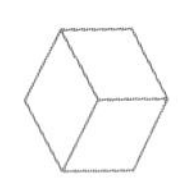

Issue No. 30

大學雜誌 第30期

民國59年6月

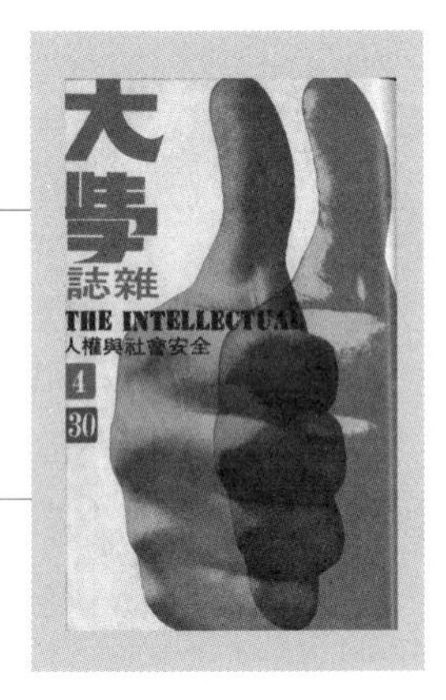

第30期封面

提要

「大學論壇」由陳少廷撰寫〈論政治家的氣度〉，這篇文章從另一個角度，來研討與政治革新密切相關的一個問題：政治家的氣度。氣度可分兩方面來講，其一是用人的氣魄，就是能用才而不忌才的人；另一方面就是度量，就是能夠用所有人，包括一直反對自己的人，使之有所成就。陳少廷在文章最後問：在當前政治領導人物之中，究竟有幾位是夠得上政治家的標準的？如果現時的風氣不易培植政治家，而只許政客之流存在，應該怎麼辦？他請讀者自己去尋找答案。

「名人傳記」由韋政通提供〈我所知道的殷海光先生〉。被殷海光稱為年輕思想家的韋政通，對殷海光的第一次見面後的印象，是「沉靜的近乎冷漠，木訥的近乎拘謹」，之後兩人交往日密，韋政通形容殷海光是個頭腦複雜而心思單純的人，「頭腦複雜」說明殷海光思想有訓練，「心思單純」則可以從他待人的真誠看得出來。殷海光是孤獨的，尤其是屢遭橫逆的最後幾年，韋政通和他談話時，偶爾會引起他的朗笑，但在笑聲中，韋政通仍察覺到他蒼涼、寂寞的心境。

本期版權頁取消總編輯、副總編輯，改列編輯：何步正、鄭臻、劉君燦、錢永祥。

目錄

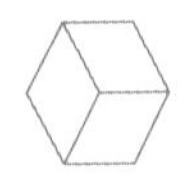

Issue No. 31

大學雜誌 第31期

民國59年7月

第31期封面

臺灣的民主改革之路，美國的經驗一直是重要的參考指標，本期劉述先特別探討「現代政治的歧途：民主的理想與實際」，尤其是美國當前民主所遭逢的問題與臺灣可以由此領取的教訓。劉述先認為民主不是萬靈藥，浮泛地採取其外在形式並不能無往不利，只有對民主的理想與實際做最深切的反省，才可望在實行的過程中收到真正有益的效果。

漢寶德在一場演講中，談「教育精神之象徵：學校建築所傳達的信息」，《大學雜誌》全文刊登。漢寶德指出，建築的形式是一種文化的姿態，現代教育的精神應該表現在學校建築的設計上，要從官衙式的、軍營式的、監舍式的建築形式解放出來，讓校園成為心靈舒展的空間，也成為獨立與自由學習的空間。

目錄

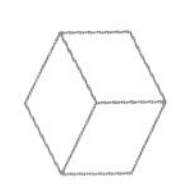

Issue No. 32

大學雜誌 第32期

民國59年8月

第32期封面

嬉皮與學潮是美國當前的重大問題，本期《大學雜誌》有曾炆煋與徐靜合寫的〈嬉皮的心理分析〉，以及王杏慶（南方朔）譯的〈美國大學動亂之析判〉，探討這兩個問題。

前一篇文章認為，美國嬉皮現象形成的背景，包括受不了現代化社會生活的壓力，講求個人成就的反作用，對社會的失望及抗議，性心理不成熟與心理性別的不確定，青年群眾心理的影響等。作者分析，臺灣青年雖也有「奇裝異髮」，但因文化社會背景不同，實質上並無形成嬉皮的可能。

王杏慶的譯文，則是全面檢視近一年來的美國校園動亂，美國學生們在追求什麼？動亂為何在校園如此蔓延？這是否是美國社會結構變遷的表徵？美國《新聞周刊》記者深入調查採訪，在本文提出了分析與研判。

目錄

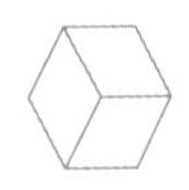

Issue No. 33

大學雜誌 第33期

民國59年9月

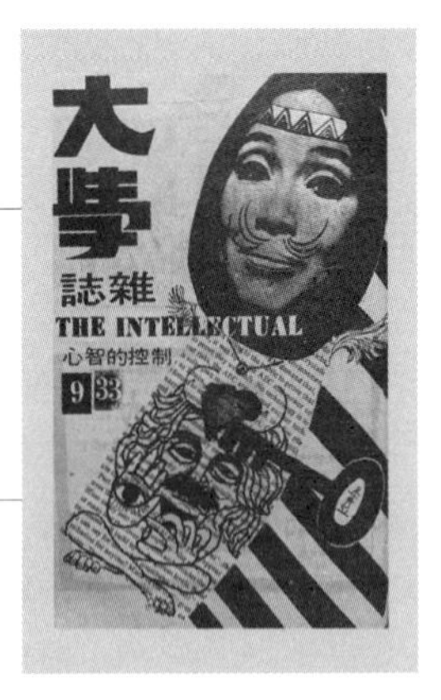

第33期封面

提要

劉君燦在「大學論壇」發表〈今日我們對科技應取的態度〉，副題是「剪斷五四的臍帶」。劉君燦提醒讀者思考的是，「賽先生」在五四時代是與「德先生」並舉的兩大旗幟，但旗幟畢竟只是旗幟，數十年過去了，它們的飄揚又曾喚醒古老大陸的幾許清醒？劉文主張該從五四的陰影下走出來，科技不是無所不能的「父」，但千萬不要因此喊出「科學破產」的口號，抬起頭，張開眼，看看這紛擾的世界，再決定面對它或接受它的比較健全的態度。

曾炆煋和徐靜合寫〈出國之心理適應問題〉，探討出國留學者的心理問題。文章指出，出國留學並不僅僅是獎學金、生活費或旅費的問題，而可能面臨現實感的障礙、自我認識的危機、與現實隔離、憂鬱與苦悶等問題，必須在事前有充分的了解及良好的心理準備，出國後才不會發生困難，才能好好學習，愉快並成功地適應複雜的心理變化過程。

目 錄

Issue No. 34

大學雜誌 第34期

民國59年10月

第34期封面

陳少廷〈論人才外流、回流與氾濫〉指出，人才外流是近年來輿論議論最多的主題之一，而最近又報載，因美國政府削減研究經費，留學生就業機會驟減，人才回流反過來變成知識界所矚目的焦點了。如果一個國家的人才，只有在海外找不到飯碗時，才回來吃祖國的飯，這豈不是太可悲了嗎？倘若國外人才市場又恢復繁榮，他們又飛走了，國內不是又要鬧人才慌？陳少廷呼籲有關機關拿出勇氣，面對現實，以科學的方法探究問題癥結，制定健全的經濟發展與高等教育及留學政策，讓教育投資產生最大的效果，達到「人盡其才」的境地。

呂俊甫〈我們需要表現愛國熱忱的機會〉，探討的問題是青年人的愛國熱忱。文章舉中華少棒隊引發的效應為例，可以看出不僅是青年，全球的中國人，不分男女老幼，都是熱愛自己國家的，只是這種愛國的熱忱平日都潛藏著，沒有機會表現。呂俊甫提醒當局，知識份子都是關心國事的，熱愛國家進步的，只要言論是公正無私且具建設性，相信一個勵精圖治的政府，必然會樂於採用。

目 錄

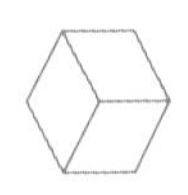

Issue No. 35

大學雜誌 第35期

民國59年11月

第35期封面

提要

本期《大學雜誌》主題是青年學生的社會服務，蕭新煌在〈從城市到鄉鎮，從鄉鎮到山地：臺灣的青年社會服務〉中指出，常有人批評臺灣青年不關心社會，不關心政治，死讀書，太現實，蕭新煌特別在文章中介紹臺灣青年表現社會意識、社會良心的若干事例，作為對這些批評的一些答覆，包括醫院的青年服務、對孤兒的服務、都市及鄉鎮的青年社區服務、山地社區的青年服務等。大學生常呻吟自己是失落的一代，無根的一代，文章質疑：為什麼他們不肯走出象牙塔，去做些實際為社會貢獻良心的事？他以蔣廷黻的一句話作為本文結語：「不要怕面對醜陋的中國，大力去改革它。」

胡卜凱在「從美國的社會工作看臺灣」中介紹美國的社會工作，從事社會工作的很多都是熱情的青年。他認為《大學雜誌》這次推出社會服務專號，是件很有意義的事，希望臺灣青年都能本著自己的「社會良心」，做一些真正能使社會更美好的事。

目錄

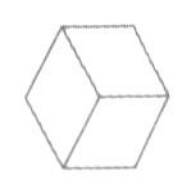

Issue No. 36

大學雜誌 第36期

民國59年12月

第36期封面

近代以前，領導中國社會的是奉儒家思想為治國寶典的士大夫，民國以後，仰慕西方民主與科學的留學生，卻一舉取前者而代之。龔忠武在〈歸國留學生與我國近代國運〉中，分析了留學生如何承擔使古老中國再生的領導角色？如果他們只是充當介紹西方文明到中國的媒婆，一旦接生任務完成，媒婆作用消失，留學運動會不會沒落？留學生扮演社會領導者的角色沒落後，未來的新領導階層應具備什麼品質？龔忠武希望對這些問題的探索，有助於釐清國人對未來國運的展望，以及對留學生功過的評價。

鄭育時則在「側面看人才內流問題」一文，則提出他對近來「人才內流」現象的觀察。他認為人才內流是因為美國經濟低潮，以及留學生想回國實現抱負。有人擔心人才內流過多，文章表示不必過慮，臺灣數年後仍將難免為真正的人才慌而煩惱，如何使國內成為真正的人才溫床，還是一個很迫切的課題。

目 錄

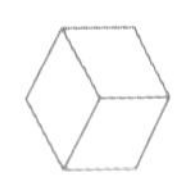

Issue No. 37

大學雜誌 第37期

民國60年1月

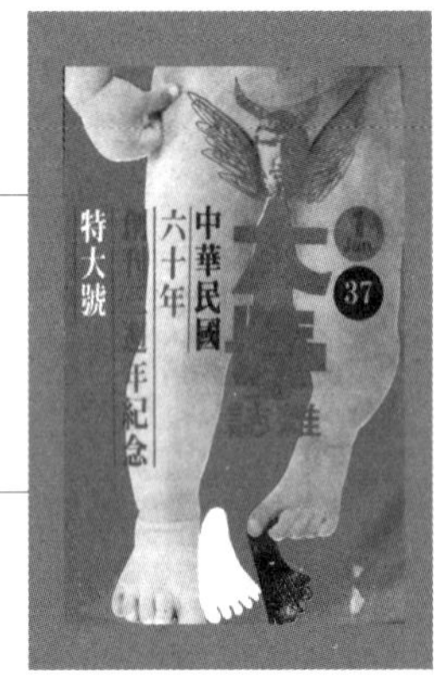

第37期封面

民國60年（1971）元月，《大學雜誌》推出「中華民國六十年暨創刊三週年紀念特大號」，同時去年底就醞釀的大改組也正式公布，在封面裡刊出社務委員名單，包括（國內）文崇一、王人傑、丘宏達、包奕洪、何步正、呂俊甫、李怡嚴、李松岩、李鍾桂、余雪明、吳大中、吳岱勳、林抱石、林榮雄、林春雄、林清江、林茂雄、林茂坤、林正弘、邵子平、洪成完、高信疆、張紹文、張俊宏、張育宏、張襄玉、張玉法、張尚德、黃金寶、秦之棣、施文森、施啓揚、郭士昂、郭正昭、郭承豐、陳鼓應、陳英傑、陳達弘、陳博中、陳漢卿、喬建、劉福增、劉君燦、劉國昭、蘇俊雄、鄧維楨、楊國樞、楊升橋、楊壽山、魏鏞、蔡昭發、羅傳地、關中、錢永祥、龔忠武。（國外）于樂平、李學叡、胡卜凱、張系國、甄燊港、劉滌宏、劉述先。

常委：丘宏達、何步正、林抱石、陳少廷、陳達弘、張紹文、張俊宏、張襄玉、楊國樞、鄭臻、羅傳地。

發行人仍為張育宏、總經理陳達弘，增設名譽社長丘宏達。社長陳少廷，副社長何步正、劉滌宏。

編委：楊國樞、陳少廷、陳鼓應、張系國（國外）、何步正、鄭臻、林抱石、張俊宏、劉君燦。楊國樞任召集人（後改為總編輯）。

執行編輯是何步正、鄭臻。

本期篇幅達96頁，文章相當夠份量，包括邵雄峰的〈臺灣經濟發展的問題〉，陳鼓應的〈容忍與了解〉，張景涵（張俊宏）的〈消除現代化的三個障礙〉，陳少廷的〈學術自由與國家安全〉，劉福增、陳鼓應、張紹文〈給蔣經國先生的信〉，殷海光遺著〈我對中國哲學的看法〉，丘宏達的〈從國際法觀點論釣魚臺列嶼問題〉，徐復觀的〈由董夫人所引起的價值的反省〉，蘇俊雄的〈論大學的任務與政治革新〉，龔忠武的〈一個日本現代武士作家的殞落：三島由紀夫之切腹自裁及其意義〉。

在〈給蔣經國的信〉中提出三點建言：多接觸想講真心話的人，提供一個說話的場所，若有青年人被列入「安全紀錄」而影響到他的工作或出國時，請給予申辯和解釋的機會。

目 錄 |

慶祝開國六十週年暨大學雜誌三週年紀念

	復興傳統文化的幾個問題	喬健	15
知識與社會	給蔣經國先生的信	劉福增等	17
	我對中國哲學的看法	殷海光遺著	18
	從國際法觀點論釣魚臺列嶼問題	丘宏達	20
	由「董夫人」所引起的價值反省	徐復觀	24
	一個日本現代武士作家的殞落——三島由紀夫之切腹自裁及其意義	龔忠武	26
	留學生與華人社會——現況與將來	鄺振權	36
	外交人才的培育——評我國外交措施之一	余英	39
	論大學的任務與政治革新	蘇俊雄	40
	叔本華論世界的痛苦	張尚德	44
	齊克果在思想上的兩點提示	孟祥森	48
	倒霉的一代	陳永崢	54
	譯後記的後記	王順	57
	心頭話/要放射衛星，不如放鞭炮等	李耳等	58
	野人閒話/採取曖昧的態度	鄧維楨	59
域外集	現代哲學的展望/存在倫理學	張系國	60
	在回憶裡	于樂平譯	63
	社會對科學家的誤解	李學叡	64
新書出版	蕭公權著「迹園文存」簡介	陳少廷	66
	徐復觀文錄序	徐復觀	69
	希望的革命之四——希望	甄燊港譯	70
	社會學科的哲學難題之一——人類行為之研究可以成為一門科學嗎？	Skinner著．劉凱申譯	75
	卡納普與邏輯經驗代序	馮耀明	78
文學與藝術	原詩到那兒去了？	陳祖文	81
	日本印象/大學詩人	葉維廉	82
	唇槍與舌劍/文學漫談	翱翱	83
	婚事/小說	子于	88

大學
雜誌
1
Jan.
37
中華民國
六十年
創刊三週年紀念
特大號

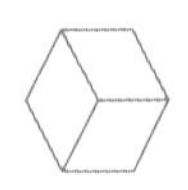

Issue No. 38

大學雜誌 第38期

民國60年2月

第38期封面

提要

上一期特大號引起不少回響，余雪明、李鍾桂、關中、施啓揚聯名寫了一篇「對上期的幾點意見」，針對臺灣經濟發展的問題、容忍與了解、消除現代化的三個障礙、學術自由與國家安全四篇文章，提出不同看法。

龔忠武在上期論三島之死的文章，也引來陶希聖呼應，除提供他寫的〈三島由紀夫之死〉（原載中央日報副刊）給《大學雜誌》轉載，並引介日人木下彪的〈三島切腹的意義〉，供《大學雜誌》刊登。本期大學論壇聚焦教育問題，有呂俊甫的〈改進入學考試以使教育正常化〉，金神保的〈人才引用、教育膨脹與政治危機〉，林清江的〈大學的功能〉。

丘宏達發表〈對於國是的幾點意見〉，丘宏達認為，在當前進步的現象中還隱隱有些可慮的因素，第一，政府機構及社會似乎缺少足夠的生機與活力，如政府要員換來換去都是那幾個舊面孔。其次，政府施政情況在宣傳與實際之間，恐有相當距離。最後，希望政府鼓勵人民對國事多提建設性意見。

目 錄

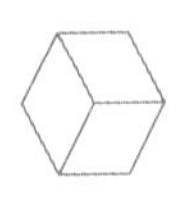

Issue No. 39

大學雜誌 第39期

民國60年3月

第39期封面

提要

本期特別刊出《大學雜誌》命名緣由，引述四書《大學》開宗明義說的：「大學之道，在明明德，在親民，在止於至善。」稱本刊的命名，即源於此。所以《大學雜誌》並不是一本全以大學生為對象的讀物，更不是某一大學的校刊。它是為了每一位愛好新知、關心現實的朋友創辦的。

本期封面專題是「大學教育」，雜誌社推出「大學生與大學教育」座談會，由總編輯楊國樞引言，呂俊甫談「大學生應加強社會美德」，雷國鼎談「大學教育應強調國家觀念」，蔡保田談「大學生應選擇吸收傳統文化」，蘇俊雄談「大學政治教育應重啓發」，陳鼓應談「校務措施應重視學生意見」，林清江「談大學教育目標的多元性」，梁尚勇談「致精微與致廣大並重」，胡芷江談「獨立判斷能力的培養」，陳榮華談「德育應具體化與運動化」，丘宏達談「減少科目縮小班級」，周渝談「重視青年情緒與適應問題」。

除了座談會，專題還推出呂俊甫的〈大學生、大學法與大學教育〉，宣九日的〈談法律教育改制及其他〉，顏裕庭〈談醫學教育〉。

本期版權頁，楊國樞恢復列名總編輯，輪值主編是呂俊甫，「域外集」主編是張系國。

目錄

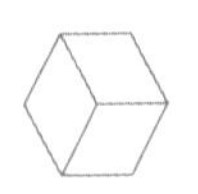

Issue No. 40

大學雜誌 第40期

民國60年4月

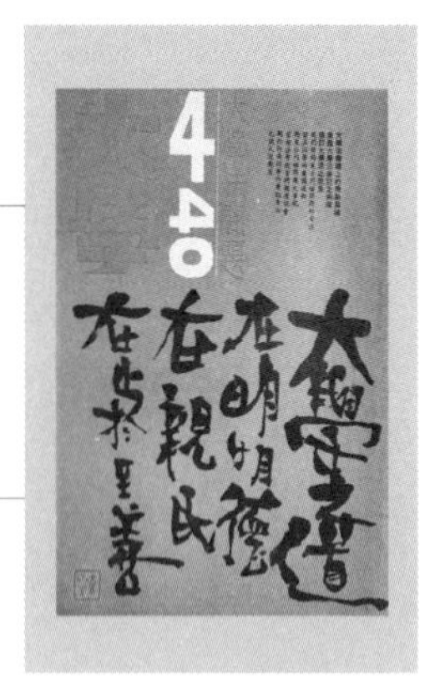

第40期封面

提要

上期刊出《大學雜誌》命名緣由，本期封面即打上「大學之道在明明德在親民在止於至善」，是很別出心裁的設計。

封面裡是一幅釣魚臺列島地理圖解，內頁則提出「我們對釣魚臺列嶼問題的看法」：「最近由於日本對我國領土釣魚臺列嶼擅自提出主張，引起海內外華人的普遍關切，我們身為中國人，對於這種關係國家主權的大事，不能再繼續保持緘默，因此鄭重表明我們對這個問題的看法：釣魚臺列嶼在歷史上、地理上與法律上，應為中國領土臺灣省的不可分割的部分，我們堅決反對任何外國以任何方式侵佔我國這片領土，並堅決支持我國政府維護該列嶼主權的措施。」這篇宣告，集結了93位知識份子一起發聲，包括王人傑、王曾才、沈君山、李鍾桂、金神保、許信良、關中、丘宏達、何步正、陳少廷、陳鼓應、張景涵、楊國樞、鄭臻等人。

相關文章還有〈留美同學的愛國運動〉（轉載）及丘宏達編的〈釣魚臺列嶼問題大事記〉。

目錄

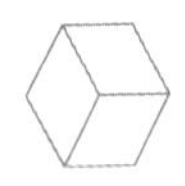

Issue No. 41

大學雜誌 第41期

民國60年5月

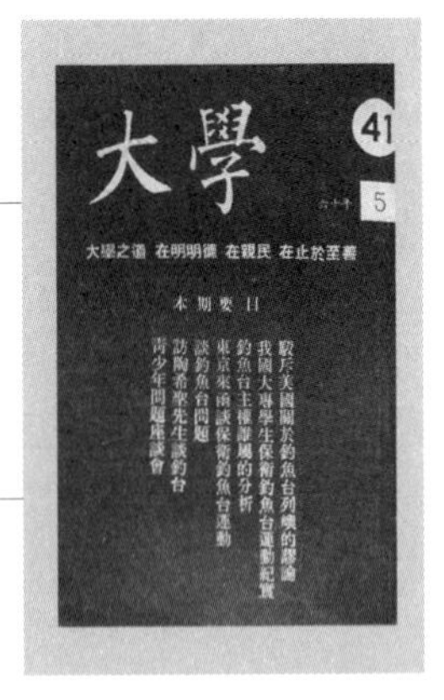

第41期封面

民國60年（1971年）4月9日及28日，美國政府兩度對釣魚臺發表荒謬主張，引爆大學生的保釣狂潮，臺大校園貼出海報，臺大、師大、政大學生舉行大遊行。當局非常緊張，擔憂學生運動再起，嚴控媒體報導。

《大學雜誌》在這激昂中帶著肅殺的氛圍下，仍勇敢推出「保釣專號」，一度還以遊行照片作為封面，當局對於是否查封《大學雜誌》，內部有過討論，《大學雜誌》對於是否挑戰禁忌，內部同樣有過掙扎。後來在壓力下，只有一部分印有照片的雜誌寄到海外，國內的「保釣專號」封面，則是單色的墨綠色，以反白字印上數則保釣文章的標題。封面裡是兩幅掛在臺大校園內的標語：「美國荒謬」、「日本無理」。

內文以本社編委會名義，發表〈駁斥所謂臺灣法律地位未定的謬論〉，及〈駁斥美國國務院四月九日關於中國領土釣魚臺列嶼的謬論〉。（本期版權頁顯示的編委包括蘇俊雄、丘宏達、呂俊甫、金神保、林抱石、陳少廷、陳鼓應、張俊宏、孫震，輪值主編是蘇俊雄）。

〈我國大專學生保衛釣魚臺運動紀實〉，記錄了這一場撼動人心的學生愛國運動，附有多張學生遊行、靜坐、簽名抗議的照片。

與保釣有關的文章還有〈與陶希聖先生一席談：從釣魚臺談起，看今日青年方向〉、〈東京來函：談保衛釣魚臺運動〉、〈談釣魚臺問題〉，另轉載〈釣魚臺主權誰屬的分析〉。

目錄

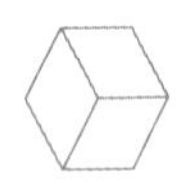

Issue No. 42

大學雜誌 第42期

民國60年6月

第42期封面

提要

上一期「保釣專號」的出刊，讓《大學雜誌》與當局關係緊張，經銷《大學雜誌》的環宇出版社(臺北市光復南路346巷55號），遭到警備總司令部（警總）指揮警察搜查，住在環宇二樓的何步正被捕，搜查人員還提到環宇另一個品牌「萬年青」出的書有問題。最後，何步正獲釋，但變相軟禁，萬年青書店也決定結束，由發行人楊慧玉在《大學雜誌》第42期刊登「萬年青書店結束營業啓事」。

這一期《大學雜誌》推出的主題是臺灣經濟發展問題，雜誌社主辦了一場經濟問題座談會，出席的有學界的于宗先、王作榮、侯家駒、梁國樹、孫震、劉清榕，財經官員汪俊容，企業界的嚴慶齡，以及《大學雜誌》的陳少廷、蘇俊雄、蔡昭發、許仁真。座談會對當前經濟問題與對策，提出高見，供當局與社會各界參考。

與主題相關的文章還有陳叔君的〈廿年來臺灣經濟發展的經緯〉，士堯的〈政府遷臺後對外貿易發展的情形〉，吳聰賢的〈臺灣農村發展的評價〉。

自本期起，封面改由畫家莊喆設計，風格與之前有相當大的差異。

目錄

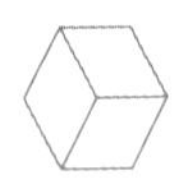

Issue No. 43

大學雜誌 第43期

民國60年7月

第43期封面

提要

7月推出的《大學雜誌》，封面是「七七」兩個字，主題是七七事變與抗日運動，有陳少廷的〈林獻堂先生與祖國事件〉，徐復觀的〈抗日往事〉，李雲漢的〈抗日先鋒第二十九軍〉，陳三井的〈列強與七七事變〉，陳南郇的〈七七前後的片憶〉。另外，以本社編委會名義，發表〈嚴厲警告美日政府侵略釣魚臺聲明〉，對美日在6月17日非法簽訂「協定」，將琉球群島的「行政權」移交日本，並將我國領土釣魚臺列嶼一併包括在內，表示強烈抗議。

美國妄交釣魚臺給日本，也再次引發大學生的憤怒，〈六一七學生示威紀實〉一文指出，6月17日，臺大學生在重重阻力下發起示威，集結逾千學生至美國及日本大使館，宣讀並遞交抗議信（由王曉波起草）。在從美國大使館遊行至日本大使館途中，學生呼喊「打倒帝國主義」、「日本鬼滾出去」等口號，同胞們為遊行隊伍鼓掌，一起振臂呼口號，展現了中國人的民族意識。

本期還有一篇重量級的文章，是由張景涵（張俊宏）、張紹文、許仁真、包青天合撰的〈臺灣社會力的分析〉，嘗試對臺灣的社會潛力及社會結構作一番分析探討，希望使社會的各種階層各種潛力從根本上建立起鞏固而深厚的基礎。全文甚長，分三期連載，本期先針對一、舊式地主；二、農民及其子弟，進行冷靜分析，了解他們在現代社會中扮演的角色，以及從沒落到轉型的過程。

目 錄

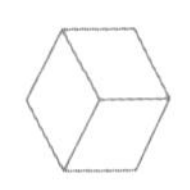

Issue No. 44

大學雜誌 第44期

民國60年8月

第44期封面

本期推出「外交問題」專號，文章包括許漢傑的〈不必只顧責備尼克森〉、王人傑〈對外交上的一些小意見〉、李萬來的〈核子時代的外交政策〉、王曾才的〈中國外交制度的近代化〉、丘宏達的〈南沙羣島是中國領土〉。

其中〈南沙羣島是中國領土〉，是針對7月10日菲律賓總統的不當言論，丘宏達從歷史、使用及有效管領方面，力證南沙羣島屬我國領土，不容置疑。

接續上期的〈臺灣社會力的分析〉，本期針對三、智識青年；四、財閥、企業幹部及中小企業者，進行深入分析。前者保存較多的純真、理想和活力，是打破社會保守力量的先鋒。後者是臺灣社會的新貴，這個階層迅速發展的結果，使臺灣社會結構起了根本上的變化。

目錄

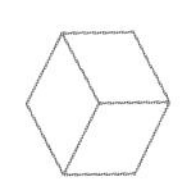

Issue No. 45

大學雜誌 第45期

民國60年9月

第45期封面

《大學雜誌》本期推出「人口問題」專號。不同於21世紀之後臺灣面臨少子化危機，1971年前的臺灣，人口負擔一直是個大問題，陳木在發表〈臺灣的人口問題與經濟發展〉，指出戰後人口快速增長，對經濟發展形成沉重壓力，政府被迫在1968年起推動家庭計畫，控制人口增長速度，對提高個人平均所得及加速經濟發展，貢獻很大。文章呼籲進一步加強人口政策目標，有效控制人口。

人口問題專號其他文章還有汪仲譯的〈擁擠的世界〉、王士英的〈鼠與人〉、蘇俊雄〈都市計畫與人口〉、林益厚的〈臺灣人口的都市化〉。

〈臺灣社會力的分析〉本期繼續對勞工、公務人員的結構、心態與衍生出的問題，提出分析與建言。

《大學雜誌》自7月號（第43期）起，連續三期刊登〈臺灣社會力的分析〉，獲得極為熱烈的回響，引發各界對臺灣社會熱切的討論與關懷。直到今天，仍堪稱《大學雜誌》最具代表性的大文章之一。

目錄

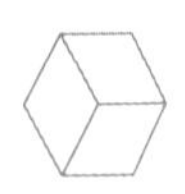

Issue No. 46

大學雜誌 第46期

民國60年10月

第46期封面

提要

10月號《大學雜誌》推出「國是專號」，陳少廷拋出震撼彈：〈中央民意代表的改選問題〉，文中明白主張，要達成全面政治革新目標，中央民意代表必須改選。陳少廷指出其理由，一是現有中央民意代表業已失去「代表性」，其次是他們雖已老邁體衰，但因長久沒有改選，成了變相的「終身職」中央民意代表。文章說，上層政治結構的僵化，構成社會經濟再進步的阻礙，為了擴大民主基礎，永保政治活力，中央民意代表全面改選勢在必行。

「國是專號」還有一篇〈國是諍言〉，由張景涵（張俊宏）、高準、陳鼓應、許仁真、包青天、楊國樞、丘宏達、呂俊甫、吳大中、金神保、孫震、陳少廷、張尚德、張紹文、蘇俊雄等15人具名，主張治理階層必需革新，推動富民的經濟建設，確立法治政治，落實多元價值的開放社會。其中在確立法治政治方面，特別點出，一個不能與社會大眾緊密銜接的中央民意代表羣，一個不能與社會主流和大眾聲息相通的特權化民意機構，絕不是健全的民意機構，法治政治也絕無法圓滿達成。

本期《大學雜誌》還轉載了一篇蔣經國的〈追念我的知友王繼春〉，文章懷念贛南時期和蔣經國一起奮鬥卻不幸身故的夥伴。編者說，希望當年的「新贛南精神」能在此時此地再現，推動舉國上下共同為建立富強康樂開放的新中國而努力。

目 錄

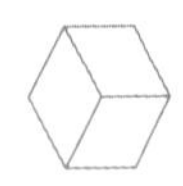

Issue No. 47

大學雜誌 第47期

民國60年11月

第47期封面

提 要

民國60年（1971年）10月26日（臺北時間），中華民國在現實的國際情勢壓迫下，含憤退出聯合國，《大學雜誌》在11月號以本社編委會名義，提出〈信心、決心、革新：我們的呼籲〉，針對退出聯合國一事，沉痛呼籲全國上下同心協力支持政府，敦促政府當機立斷，啓用才俊，加速建設一個自由、法治、公平、合理而富民的開放社會。

孫震、丘宏達、張宏遠也都有文章評析退出聯合國帶來的衝擊，他們都主張，面對挫折，必須自強革新，以應付變局。丘宏達在文章結尾特別指出，知識份子在國家危難的時候，必須有面對困難的道德勇氣，挺身而出，維護國家的生存。

目錄

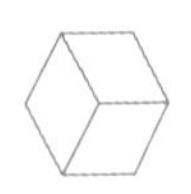

Issue No. 48

大學雜誌 第48期

民國60年12月

第48期封面

《大學雜誌》在7月號到9月號，刊登了張景涵等四人合寫的〈臺灣社會力的分析〉，引起各方極為熱烈的反應，有人讚揚肯定，也有很多人表示不同意見。《大學雜誌》特別在11月13日舉行「臺灣社會力的分析」座談會，邀集學者專家聚集一堂，共同研討。座談會由社長陳少廷引言，總編輯楊國樞主持。與會發言的有農復會農業經濟組組長李登輝、臺大經濟系教授王作榮、臺大經濟系教授梁國樹、臺大經濟系副教授孫震、經合會綜合計畫處處長崔祖侃等多人，從農業、經濟、文化、社會各層面，檢視「臺灣社會力的分析」，也發表他們對這些問題的建議。張景涵、張紹文、許仁真、包青天四位作者針對各項質疑或討論，也即席說明補充。這場座談會紀錄成為本期最受矚目的內容。

由於文章太受矚目，環宇出版社還特別結集出書，並在本期雜誌刊登廣告，稱「臺灣社會力的分析」深入分析臺灣社會的病態，從腰纏萬貫的大財閥到八股教育受害者的知識青年，都是被分析的對象。

目錄

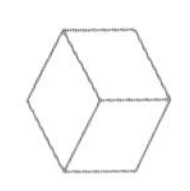

Issue No. 49

大學雜誌 第49期

民國61年1月

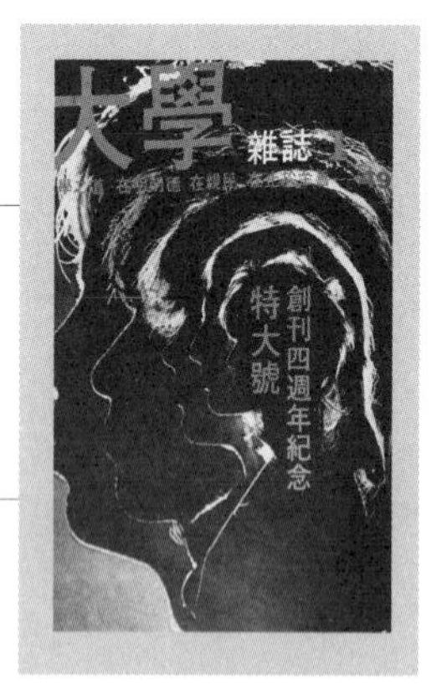

第49期封面

提 要

民國61年（1972）元月，《大學雜誌》創刊四週年特大號推出「國是九論」，在國家面臨巨變的關鍵時刻，王文興、包青天等19人選擇了九個當前為社會關心的大題目，提出觀念和實際作法上的建議。國是九論，包括陳鼓應執筆的〈論保障基本人權〉，張景涵、許仁真執筆的〈論人事與制度〉，張景涵執筆的〈論生存外交〉，林鍾雄執筆的〈論經濟發展方向〉，蔡宏進執筆的〈論農業與農民〉，白秀雄、包青天執筆的〈論社會福利〉，呂俊甫執筆的〈論教育革新〉，陳陽德執筆的〈論地方政治〉，王漢興、陳華強執筆的〈論青年與政治〉。

除了重量級的「國是九論」，本期另一值得注意的是「中央民意代表的改選問題」系列文章，包括臺大法代會舉辦「全面改選中央民意代表辯論」紀錄。這場辯論由周道濟和陳少廷主辯，臺大體育館聽眾爆滿，但因議題敏感，翌日只有一家報紙報導，《大學雜誌》則全文轉載「臺大法言」刊出的這篇錄音紀錄。其他相關文章還有洪三雄的〈支持全面改選中央民意代表之我見〉、陳少廷的〈再論中央民意代表的改選問題〉。

陳鼓應本期寫了一篇〈開放學生運動〉，也引起相當大的回響。陳鼓應引述臺大《大學新聞》校刊談到開放學生運動問題，當時還是學生的馬英九說：「今天社會的弊端，就是很多人缺乏勇氣去說去做，我們年輕人，應是沒有顧忌的。」陳鼓應深表認同，並認為，學生運動是一種自覺運動，一種革新運動，也是一種愛國運動。

目 錄

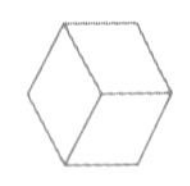

Issue No. 50

大學雜誌 第50期

民國61年2月

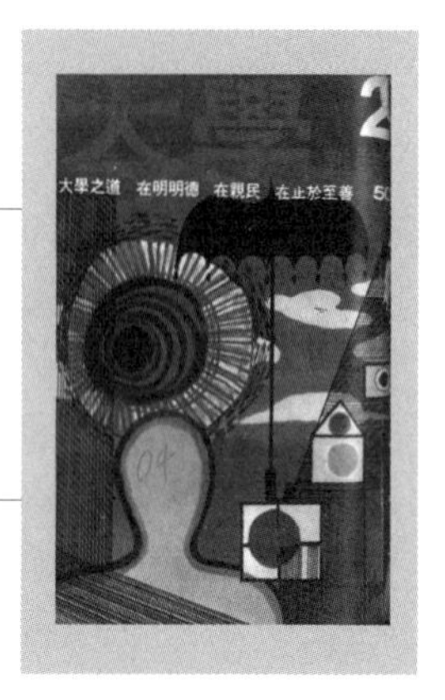

第50期封面

本期持續提出「國是問題」，有華國權的〈論國是決之於公意〉、楊庸一的〈對當局與輿論界的強烈建議〉，許志仁的〈支持全面改選中央民意代表〉，洪三雄、楊庸一撰寫的〈民意何在？〉，陳會瑞的〈拔擢青年才俊與充實中央民意機構〉。

《大學雜誌》對全面改選中央民意代表，可說立場明確，火力集中，但在當時的現實政治環境中，這種改革呼聲依然顯得孤掌難鳴。楊庸一在〈強烈建議〉一文中，即沉痛呼籲當局誠心接納這一代青年的呼聲：中央民意代表必須全面改選。

目錄

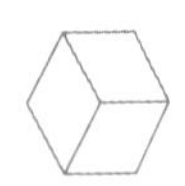

Issue No. 51，52

大學雜誌 第51、52期合刊

民國61年4月

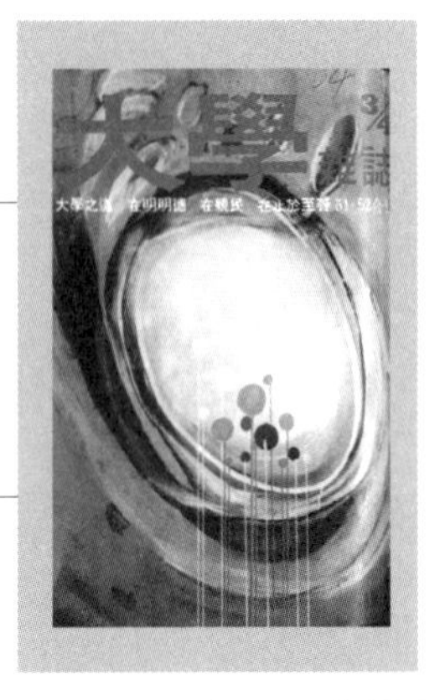

第51, 52期封面

提要

就在《大學雜誌》連續數期大聲疾呼「全面改選中央民意代表」的同時，國民大會通過了憲法臨時條款修正案，這項修正案違背了國民黨充實中央民意機構的意旨，現有中央民意代表解消了改選之憂，保住金飯碗，高呼「萬歲」，但有識之士和社會大眾卻是憂心失望。

本期《大學雜誌》以本社編委會名義，發表〈臨時條款修訂之後：我們對政府及執政黨的寄望〉，稱當此國難方殷，亟需革新求變，開創新機之時，國大代表如此熱衷於個人得失的考慮，實在很難獲得諒解。失望之餘，編委會還是提出數點建議，寄望黨政當局積極改革。

國民大會和臨時條款如今都已走入歷史，但透過《大學雜誌》的記錄，仍可感受到當年改革之不易。

目錄

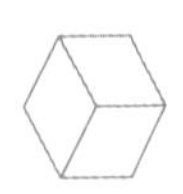

Issue No. 53

大學雜誌 第53期

民國61年5月

第53期封面

提要

陳鼓應在元月號發表的〈開放學生運動〉，引發許多討論，也引來保守勢力反撲，《中央日報》副刊以孤影為名寫的〈一個小市民的心聲〉，就是最明顯的例子，此篇文章倡言苟安，滿足現狀，視學生運動如洪水猛獸，打擊青年革新熱情，在當局推波助瀾下大量散布。《大學雜誌》本期特別製作「小市民的心聲」的討論，來稿幾乎一面倒地批判「一個小市民的心聲」，王文興、黃默、張亞澐、楊國樞、高準、陳鼓應、何烈、孫震、王曉波、呂俊甫、葉洪生等，紛紛撰文，從各個角度質疑保守勢力的心態。

《大學雜誌》還以本社編委會名義發表〈慶祝總統 蔣公就職獻辭〉（蔣中正總統連任，5月20日就職），名為祝賀就職，文內卻呼籲革新政治，建設民生經濟，要求當局正確理解青年問題，激發青年愛國熱情。

目錄

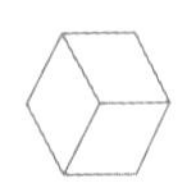

Issue No. 54

大學雜誌 第54期

民國61年6月

第54期封面

5月，蔣經國出掌行政院，公布新內閣人事，6月號《大學雜誌》即以本刊編委會名義發表〈令人振奮的蔣經國內閣〉，稱此一內閣人事安排，是半年來最令人滿意的政治家與氣魄底的表現。文章特別指出，蔣內閣最足稱道的特色有二：它是以卓越的行政人才為主流的內閣；它充分地照顧到了政治上的現實問題。《大學雜誌》希望新閣閣員能放手去做，為苦難的國家開拓新的局面。

李筱峰以一篇〈從當前教育問題談學生運動之必要〉，持續參與批判「一個小市民的心聲」，他認為今日教育的癥結之一，是民主教育未能建立，癥結之二是形式主義，癥結之三是情育的忽略。基於這幾點，李筱峰主張更需要開放學生運動。

目錄

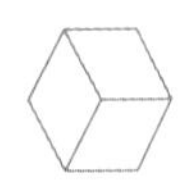

Issue No. 55

大學雜誌 第55期

民國61年7月

第55期封面

提要

青年問題一直是《大學雜誌》關心的重點，本期《大學雜誌》推出「青年與社會」專欄，除轉載第66期臺大青年的「臺大社會服務團平議」外，還有楊懋春的〈知識份子服務桑梓〉，何亦修的〈培養大學生與製造大學生〉，吳瓊恩的〈一個知識青年的意見〉。

楊懋春指出，知識份子服務桑梓，是說受過高等教育的青年與壯年，要找機會服務自己在鄉村中的家鄉。他舉自己的例子，雖然大部分時間待在臺大校總區的課室與研究室內，但和鄉村中的農民、農村生活一直維持密切而有意義的關係。他誠懇呼籲受過教育的青年，能尋求臨時或長久途徑，為桑梓服務。

本期還刊載了「文學與社會」座談會，由王文興主持，余光中、邢光祖、高準、彭歌、瘂弦出席，談文學的社會功能、反映社會的作品及其文學價值、文學反映社會應否加以限制？

目 錄

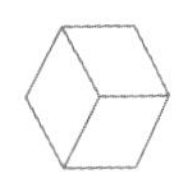

Issue No. 56

大學雜誌 第56期

民國61年8月

第56期封面

提要

本期推出「選舉」專欄，分為兩個部分，一是張景涵、許仁真、包青天、陳陽德四人合寫〈廿五年來臺灣選舉史的探討〉，探討臺灣選舉的成就，也探討選民與候選人。張景涵等人分析，光復25年來，選民與候選人有幾個階段性的變化，這種變化是循著社會結構的變動而變化的，又可細分為純樸期，汙染期，覺醒期。進入覺醒期之後，面對的最主要課題，教育普及所產生的青年知識份子、工業發展所帶來大批的勞工大眾，農村破產所造成埋怨的農民，這股青年及工農大眾的力量，使第三階段邁入關鍵時刻。

專欄另一部分是「中央及地方選舉問題」座談會，由陳少廷、楊國樞主持，出席者包括王杏慶（南方朔）、王曉波、吳豐山、胡佛、高育仁、康寧祥、洪三雄、陳玲玉、陶百川、黃森松、鄧維楨等多位，針對即將舉行的中央及地方公職人員的選舉，提出各項建言。

目 錄

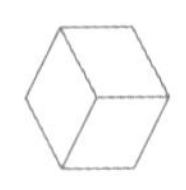

Issue No. 57

大學雜誌 第57期

民國61年9月

第57期封面

提要

日本田中角榮政府宣稱日本與中國大陸「關係正常化」時機已經成熟。面對日本即將與大陸建交，《大學雜誌》9月號辦了一場〈中日關係的演變及其因應之道〉座談會，陳少廷、楊國樞主持，邵毓麟、陳水逢、王曉波、高準、王文興、鄭佩芬等出席。座談會希望從一個比較廣泛的、較長遠的觀點，來研討「中日關係的演變」，預測未來可能發展，從而作較有效的因應。其中，臺灣對日本應採激烈或溫和的反應，會中曾引發爭議。

相關文章還有黃剛的〈所謂日中國交正常化的法律基礎問題〉、蘇衷怡等46人聯合簽名發表的〈我們自己的命運由我們自己決定〉、王生力〈我們對中日斷交的態度與主張〉。

目錄

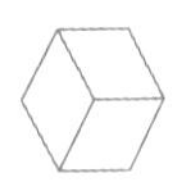

Issue No. 58

大學雜誌 第58期

民國61年10月

第58期封面

本期《大學雜誌》特別推出「社論」，而且一推就是兩篇，第一篇是〈論自立自強的新經濟政策〉，第二篇是〈現階段加速農村建設的意義〉。

繼上期刊出的中日關係座談會後，本期縮小範圍，座談會聚焦在「我國對日經濟關係」，邀請的來賓也較少一點，包括金神保、林鍾雄、吳聰賢、吳豐山等。與會者多認為我國對田中的不友好動向應採強硬措施，但在中斷經濟關係方面，則宜謹慎，務使我國所受到的損害與不便減至最低程度。

本期另有一場座談會，主題是「大專青年教育問題」（分三期刊登），出席者超過60人，馬英九剛從臺大法律系畢業，也出席這次座談，其他出席者還有陳永興、毛鑄倫、李大維、林聖芬、林嘉誠、金惟純、周瑜、馬鶴凌等。馬英九在座談會中表示，臺灣青年問題的核心，不是就業，不是婚姻，更不是青少年犯罪問題，而是青年對國家社會普遍缺乏認同感的問題。他主張要多多提供青年參與的機會，讓青年從參與的過程中，意識到國難的嚴重是自己切身的責任。

目錄

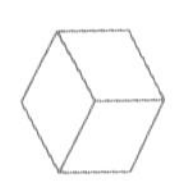

Issue No. 59

大學雜誌 第59期

民國61年11月

第59期封面

本期推出「中國前途問題專號」，重頭戲是「臺灣對於中國前途所處的角色與使命」座談會，出席的有文崇一、王文興、王曉波、林鍾雄、胡佛、孫震、韋政通、高準、陶百川、陳鼓應、張系國等。楊國樞在座談會總結時表示，應該把握時間，繼續努力，以臺灣為實驗場，為中國問題的解決追求一個合理的答案，建立一個自由的、民主的、平等的、均富的、和平的國家、社會。而最關鍵的，還是要徹底實行民主憲政，擴大民意基礎，推動政治社會革新。

專號刊出的文章，還有唐君毅的〈談中國現代社會政治文化思想的方向與海外中國知識份子對當前時代之態度〉、張曼濤的〈中國文化與中國前途〉、海浮子的〈再論中國的處境與我們應走的方向〉。

目錄

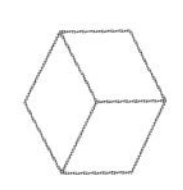

Issue No. 60

大學雜誌 第60期

民國61年12月

第60期封面

本期有兩篇涉及警察侵犯人權的文章，一是郭耀南的〈嚴重抗議臺南市第二分局侵害人權〉，作者是成功大學學生，因「頭髮過長」，遭警察拖進警局修理了一頓，頭髮也理個精光。另外，周人德的〈警察待老百姓的態度是這樣的嗎？〉講述他騎車目睹與親歷警察的粗暴執法。

陳鼓應發表〈我對嘉義師專訓育作風的感想〉，針對報載一對男女同學因「行為不軌」，而遭退學，文章認為部分教育人員的保守心態實有調整的必要。

《大學雜誌》除了高舉知識份子論政大旗之外，也不時刊登此類針砭時弊、與人權有關的文章，這類文章和一般民眾的距離似乎更為貼近。

目 錄

Issue No. 61

大學雜誌 第61期

民國62年1月

第61期封面

進入民國62年（1973年），《大學雜誌》也邁入第6年，自本期起，版權頁除發行人張育宏外，其他人不再列名，編輯者改為本刊編委會（實際總編輯陳少廷）。

本期社論提出新年獻辭〈展望新時代的來臨〉，從外交內政各方面，檢視國家面臨的嚴酷局面，並期許蔣經國內閣掌握改革契機，創造新局。

為紀念中國近代啓蒙大師梁啓超百歲冥誕，《大學雜誌》本期推出兩篇紀念文章：陳少廷的〈梁啓超對臺灣知識份子的影響〉、張朋園的〈梁啓超：一個知識份子的典型〉。張朋園文中說，有人說梁啓超是一個政治家、思想家、言論家、教育家，但不如說他是一個知識份子。做一個知識份子，要站在時代的尖端，帶動時代往前推進，「梁任公是一個典型」。

目錄

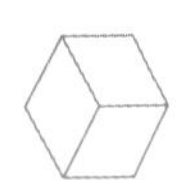

Issue No. 62

大學雜誌 第62期

民國62年2月

第62期封面

提要

民國61年（1972年）12月底的「中華民國自由地區增加中央民意代表名額選舉」，選出區域、山胞（今稱原住民）及職業團體立委36位，加上由總統遴選的僑選立委15位，合計61位。

這是近年來最大規模的選舉，《大學雜誌》在本期製作「選舉」專號，辦了一場「選舉檢討座談會」，邀請各方面人士，從各種角度檢討這次選舉。在編輯室報告中指出，「我們對選舉關懷的重點並不在席次的分配如何，以及選票多寡等問題，我們關心的是能不能藉著這次選舉，把一種促進和平輪替和代謝的制度，深植在我們社會。」座談會由陳少廷、楊國樞主持，出席的有包青天、胡佛、施性忠、陳繼盛、張紹文、張景涵、張潤書、康寧祥、黃順興、蘇南成等。

座談會外，尚有社論〈放遠眼光看選舉〉，呼籲今後不能再以輸不起的精神來辦選舉，否則中國現代化、民主化的前途，將陷於無邊的漆黑與昏暗。蘇俊雄的〈選舉與民主政治〉，探討民主政治的理論與實務。家博的〈一個美國人對臺灣的觀感〉，除比較中美選舉實況，更以目擊者的實地研究提供不少改進意見。何文振的〈追隨理想的新青年〉，用散文筆調描繪為某些候選人而狂熱的新青年，發人深省。

目錄

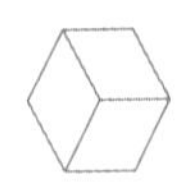

Issue No. 63

大學雜誌 第63期

民國62年4月

第63期封面

本期是3月、4月合刊，首頁刊出「休刊乎！」指出，「這些日子，因為種種客觀的原因，使本刊工作人員感到身心交疲和情緒的低落，因而難免影響雜誌的出刊。」但「近日來，接到許多讀者來信和電話，一再敦促我們無論如何必須支持下去，使我們深受感動」，「在不得已的情形下，乃決定三、四月合刊出版。」看得出來，在上一期刊出選舉專號之後，《大學雜誌》承受莫大壓力，一度打算休刊，但幾經考慮，還是堅持下去。

本期「社會・輿論」專欄刊載一些嚴重而被忽略的社會問題，如成功大學幾位學生的〈雲林縣臺西鄉社會調查報告〉，發掘出的許多問題，值得當局注意。學生專欄中，陳永興的〈求學時代的社會服務〉，將他幾年來的社會服務經驗，做了生動的描述。

目錄

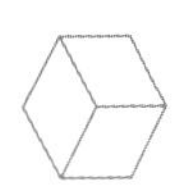

Issue No. 64

大學雜誌 第64期

民國62年5月

第64期封面

上期的「休刊乎！」，引爆讀者熱烈回響，來信多數是支持《大學雜誌》繼續出刊，本期除刊出部分讀者來信，並請專家設計調查，易行將收到的問卷做系統性整理，同時發表他的調查報告，供《大學雜誌》今後改善內容參考。

陶百川的〈民心易得，士氣難求〉勸告當局，對熱心的青年不要輕加懷疑和嚇阻，另一方面他也勸告輿論界應存養道德勇氣，他說，一個電話可以把一條新聞稿棄置於地的話，應予譴責的不是打電話的人，而是那些輕易屈從的人，「士氣到哪裡去了！」

本期「社會思想」專欄，刊載三篇有關「新女性主義」的文字，其中，呂秀蓮畢業於伊利諾大學，回臺後極力提倡「新女性主義」，她認為傳統社會對女性有太多的歧視，女性想獲得平權還須努力爭取。

目 錄

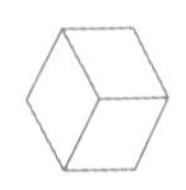

Issue No. 65

大學雜誌 第65期

民國62年6月

第65期封面

提要

讀者來信逐漸成了《大學雜誌》的特色，也成了凝聚民意的利器，從本期起，讀者來信改為「讀者論壇」，進一步強化了讀者的參與感。

社論〈展望國家進步的新境界：新內閣週年獻言〉，檢討一年前組成於危難之秋的新內閣，認為短短一年已有幾項難得的成就，國運已初步獲得強有力的穩定，但社會基本的弱點和危機仍待克服。

發生於去年5月的水門事件，因為《華盛頓郵報》二位記者鍥而不捨的調查報導，震撼美國，轟動全球。陳少廷的〈閒話水門事件〉，及陶百川的〈水門衝擊及其啓示〉（轉載自《聯合報》），對此事件和民主政治的特質都有深度評論。

目 錄

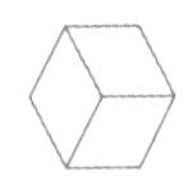

Issue No. 66

大學雜誌 第66期

民國62年7月

第66期封面

提要

《大學雜誌》創刊初期，謝文孫即大力提倡自由主義，本期他發表〈從海外遙望：蔣經國在臺灣象徵什麼？〉代表一個旅美多年的青年自由主義者，對臺灣局面與政治領導的新認識。在時局困頓之際，謝文孫挺身而出，肯定蔣經國政治領導的時代價值，十分難得。文中還提到臺大校長閻振興等人，數月前保釋了一批青年師生（包括《大學雜誌》一、二位同仁），謝文孫認為這是當權者清醒進步的表現。

地域觀念早年可說深植人心，造成社會人際關係無法和諧。立法院對籍貫應採「屬人主義」或「屬地主義」曾有爭辯，范莫頓在〈户籍法應不應採屬地主義？〉中，有深入探討。對第二代子女不要再繼承上一代的地域歧視，這的確是不容忽視的課題。

目錄

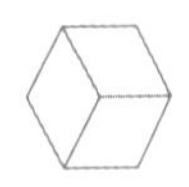

Issue No. 67

大學雜誌 第67期

民國62年8月

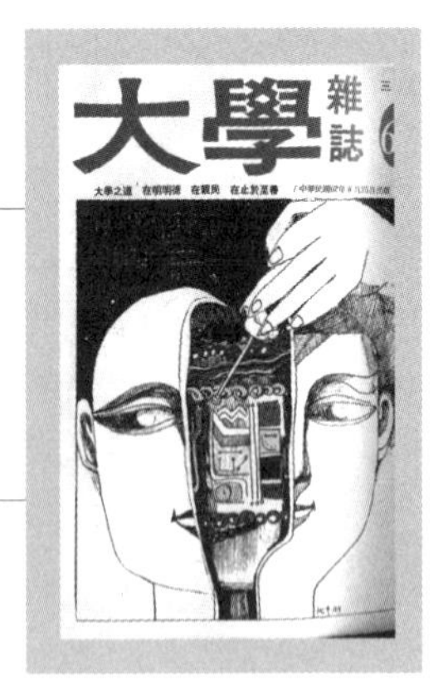

第67期封面

近幾月來，《大學雜誌》刊出幾篇探討限制閩南語電視劇的文章，正反意見都有，讀者反應也很熱烈，潛藏在背後的更重要的問題，就是地域歧視的問題。本期《大學雜誌》編者的信指出，與其始終避諱不談，然後板起面孔打冷戰，使差距暗中滋長，不如公開討論它。本期刊出「閒人」來信〈論國語與方言〉，希望有助於促進共同諒解。

本期有幾篇新構想，如張景涵（張俊宏）的〈如何使窮人富有〉，他認為與其壓抑和管制資本的累積，不如好好研究如何使資本家的錢財和人力，投資在提高貧民生活水準和增加就業的事業上，具體的想法如：地方小吃市場、假日市場、紅磚大道咖啡座等，都是著眼於都市貧窮問題的解決。

目 錄 |

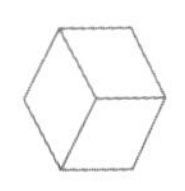

Issue No. 68

大學雜誌 第68期

民國62年9月

第68期封面

9月16日，《大學雜誌》舉辦了作者、編者聯誼會，邀請近一年來曾在《大學雜誌》撰稿且聯絡得到的作者，共到了五、六十位，和編者相互切磋了解，也給《大學雜誌》許多坦然的批評。

本期雜誌「教育，青年」專欄探討的主題是高等教育，有陳少廷的〈評大學用書應否送審之爭議〉，楊庸一的〈傷心淚盡話審稿〉，老吳的〈從教育談學生人格的培養〉，李慶榮的〈從知識份子的悲劇看知識份子〉。審稿制度是學生刊物的惡夢，內容若不合校方尺度，動輒被扣上「反動」、「頹廢」的帽子，學生遭申誡、記過處分，刊物延誤出刊甚至停刊。

陳少廷的〈當前高等教育的若干問題〉，是從教育部決定限制大學生數量說起。陳少廷認為限制大學生數量不失為明智之舉，但對性別的限制宜慎重研擬，增設研究所學系則要從嚴審核。

目錄

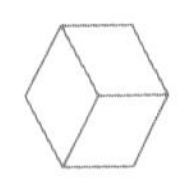

Issue No. 69

大學雜誌 第69期

民國62年10月

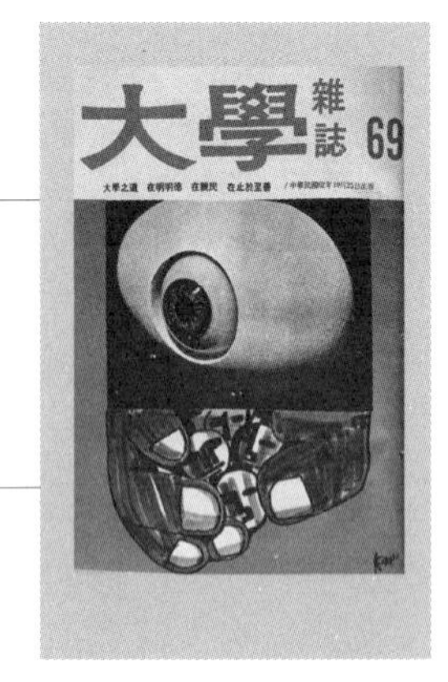

第69期封面

本期《大學雜誌》集中火力，探討選舉法制問題。陶百川的〈為政治利益謀選舉改進〉，以他在監察院處理的兩件選舉訴訟案，深感臺灣地區選舉尚須改進，以符政治的更大利益。

陳少廷以親身經驗寫下〈選舉改進的障礙在那裡？〉，回應陶百川大文。陳少廷呼籲，臺灣一切政治革新之源，皆繫乎執政黨（國民黨） 的觀念與作法，在選舉上，「沒有一個政黨可以取替國民黨的地位」，為了朝野上下精誠團結，「強大的國民黨實不宜獨攬選舉」。

張俊宏的〈訪美所見所思〉，是張俊宏應美國國務院邀請訪美兩個月後的一些感觸和建言。他認為，美國這個國家和其社會型態固然有很多缺陷，但畢竟還有許多臺灣所不及的地方。文章即是從對方的長處來作自我反省，尤其留美學生，近年來何以如此急遽的變化？「從他們的改變，更可以看到我們目前的處境，以及數十年來我們的教育、我們的文化，當遭遇外來文化衝擊之後，一幅變化的縮影，種種奇特的現象，值得深思。」

目錄

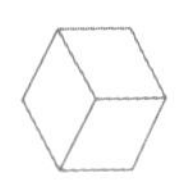

Issue No. 70

大學雜誌 第70期

民國62年12月

第70期封面

提要

《大學雜誌》本期繼續鎖定選舉議題。社論是對臺北市第二屆市議員選舉的期望：「向人民交代、對歷史負責！」社論提出幾點批判，包括缺乏強有力的反對黨、不公道的選舉造成反對者鋌而走險、缺乏公平的選舉裁判、真正的民意尚難充分表達，最後，社論呼籲執政黨要有民主的素養和氣度。

上一年年底選出的增額立委，這一年來表現如何？陳少廷的〈試評新選立法委員的表現〉，提出幾點觀察，包括若干新委員發言擲地有聲，有些新委員則在演戲，或是到了會期末逐漸洩了氣，海外遴選委員甚至有未曾發言的。黨外人士雖然只有6席，陳少廷認為，除一、二位外，他們的表現都很不錯，對政風改善的意見，頗切中時弊。

張俊宏則在〈談現代選舉的意義〉中主張，臺灣30年來幾乎都是以國民黨為獨一無二的政治力量，長期的壟斷造成逐漸的腐敗。在這種情況下，社會實在需要一個制衡的力量，而要培養制衡的力量，「沒有一批有膽識有性格的人來推動是不能成功的」。

目錄

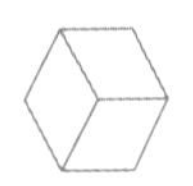

Issue No. 71

大學雜誌 第71期

民國63年3月

第71期封面

第70期出刊日期是民國62年（1973年）12月1日，之後脫期甚久，遲遲未見出刊，外界十分關切，也有種種猜測，最後，《大學雜誌》延至63年（1974年）3月15日出刊，粉碎停刊的傳言。

自本期起，《大學雜誌》發行人由張育宏變更為陳達弘。

在〈為脫期向讀者致歉〉說明中指出，《大學雜誌》確實遭遇一些困難，但已經過去了，今後將以更大幅度的革新來改進內容，但因應物價上漲，會精簡頁數並增加可讀性來服務讀者。

而在〈重申《大學雜誌》的宗旨：建立現代化民主國家的信念〉的社論中強調，《大學雜誌》六年來始終堅持立場，善盡言責，對國是問題曾經提過許多大膽而嚴正的評言，今後仍將一本初衷，以知識份子的身分，繼續提供建設性的意見。

本期社論並鄭重聲明，《大學雜誌》不是政治團體，而是表達社會公正輿論的公器，絕不容許成為任何私人的工具。

目錄

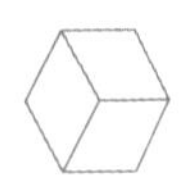

Issue No. 72

大學雜誌 第72期

民國63年4月

第72期封面

本期《大學雜誌》介紹兩位蘇聯人權鬥士，一位是1970年諾貝爾文學獎得主索忍尼辛，他在1974年2月被捕，這是自史達林放逐政敵托洛斯基之後，另一次轟動世界的放逐事件。《大學雜誌》以社論〈偉哉！索忍尼辛〉向他致敬，社論結語強調，愛國、正直、道德的勇氣和批評的精神，是知識份子的本色，索忍尼辛樹立了最佳的榜樣。

本期還有一篇譯文，是另一位人權鬥士沙卡洛夫接受瑞典電臺駐莫斯科記者的訪談摘錄。他和索忍尼辛共同爭取蘇聯的自由與人權，也同樣受到當局的威脅迫害。

本期起版權頁增列主編陳少廷，社址則是臺北市光復南路346巷55號（與環宇出版社同一地址）。

目錄

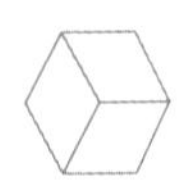

Issue No. 73

大學雜誌 第73期

民國63年5月

第73期封面

提要

本期《大學雜誌》5月4日出刊，選在這一天出刊，是要紀念這個55年前使中國新生和進步的偉大運動。社論〈以五四精神教育青年〉指出，五四運動的基本精神：愛國、民主、科學乃是時代對於青年的號召，也是中國知識青年為國家的獨立和民族的生存而犧牲奮鬥的具備表現，用五四精神來教育引導青年，今天仍有其時代意義。

郭楓寫的〈大家來瞭解五四運動〉，主要是介紹陳少廷主編關於五四的兩本書。這兩本書分別是《五四新文化運動的評價》、《五四運動與知識青年》。郭楓感歎，五四運動是青年人在中國近代史上最光輝燦爛的一頁，但現在又有多少人瞭解五四的精神和知道五四的光榮歷史呢？陳少廷這兩本書，正可以讓現在的年輕人窺見五四時代知識青年的抱負與理想。

目錄

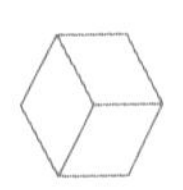

Issue No. 74

大學雜誌 第74期

民國63年6月

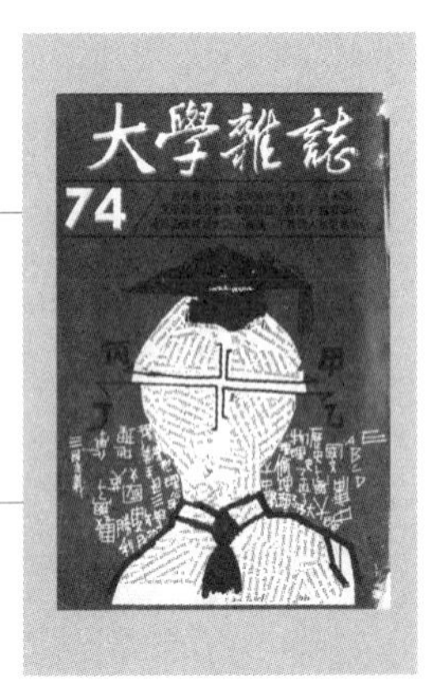

第74期封面

日本政府4月20日與中國大陸簽署「民航協定」，臺灣同一天即宣布斷絕雙方航線，臺日關係尤其是經濟關係也陷於低潮。在這樣的氛圍下，旅日企業家丘永漢近數月來在《聯合報》發表的一系列文章，《大學雜誌》將其定位為「經濟立國論」，本期社論以〈臺灣是日本的經濟殖民地嗎？〉為題，駁斥丘永漢的經濟立國論。社論表明，經濟發展固然重要，但不能忽視均富的民生主義福利國家理想，也不能為眼前的經濟利益，甘作日本的經濟殖民地。

陳子越「談發展高級工業與科技研究的關係」，也提到高級工業技術自立的重要性，他認為，技術研發不能只仰賴外國，政府要負起推動和輔導的責任。

目錄

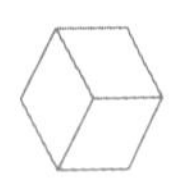

Issue No. 75

大學雜誌 第75期

民國63年7月

第75期封面

提要

大學畢業生面臨的問題，是本期《大學雜誌》關心的重點，社論〈大專畢業生的出路和志向〉，探討日益嚴重的就業問題。社論分析，大專青年失業情形嚴重，反映教育發展與社會需要之脫節，大學和大學生急速增加，但不能平衡配合國家建設的需要，造成人才供需失調。社論呼籲政府和社會各界，多替青年爭取就業機會，改善青年創業環境，學校也要多培育國家社會需要的人才，而青年本身則不能全賴政府輔導，要靠自己立定對事業的志向。

大學畢業除了就業，另一條出路是繼續深造，包括留在臺灣讀研究所，或出國留學。這兩條大道前景如何？需要什麼準備？這是許多學生關心的，《大學雜誌》轉載了《政大青年》的「畢業生專欄」，供讀者尤其是學生參考。

目錄

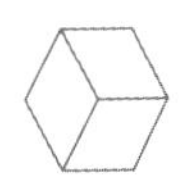

Issue No. 76

大學雜誌 第76期

民國63年8月

第76期封面

陳少廷在本期《大學雜誌》發表〈談地方政壇人物的品德修養〉，從高雄市兩名市議員毆辱警員遭判刑談起。陳少廷指出，民意代表官司多，主因是政治品德低落、特權意識作祟、地方派系傾軋，而執政的國民黨實責無旁貸。陳少廷感慨地說，日據時代臺灣社會領袖人物如林獻堂、蔣渭水，均是德高望重的碩學儒士，光復初期的黃朝琴、李萬居、謝東閔、吳三連等也是如此。「然而今日何世，為什麼具有崇高德望之士不願出來領導地方政治呢？孰使為之？孰令致之？」

李慶榮的〈不要為著吃飯而做記者〉，檢討的則是號稱無冕王的記者。這篇文章，是向《醜陋的新聞界》及其《續集》這兩本書的作者趙慕嵩致敬。李慶榮和趙慕嵩一樣都是資深記者，對某些新聞圈裡的醜陋現象都不能忍受，趙慕嵩寫書揭發，還被人控告誹謗。李慶榮呼籲新聞記者，不要為了吃飯而做記者，要為了正義和公理。

目錄

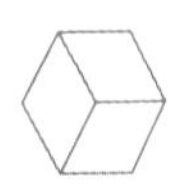

Issue No. 77

大學雜誌 第77期

民國63年9月

第77期封面

提要

1974年8月8日，美國總統尼克森宣布辭職，水門事件造成的長期夢魘終告落幕。《大學雜誌》本期社論即以〈尼克森辭職事件的啓示〉為題，探討此一事件的政治教育意義。社論指出，尼克森辭職，是因水門醜聞的揭發，而此醜聞能被揭發，則應歸功於美國的自由新聞制度，對國家元首可能牽涉在內的刑案，不畏困難，追根究柢。其次，水門事件雖造成美國國內長期的困擾，但也彰顯了美國民主制度的特性，及朝野人士絕對崇尚法治的精神。社論認為，尼克森辭職事件是一面鏡子，反映了政治道德的重要，和民主法治的珍貴。

知名學者徐道鄰1973年聖誕節前夕心臟病突發逝世，本期《大學雜誌》刊登了他的遺作〈評世說新語校箋〉，並轉載了另一大文〈政治家的氣度和磨鍊〉，向他致敬。

目 錄

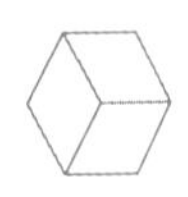

Issue No. 78

大學雜誌 第78期

民國63年10月

第78期封面

提要

本期社論之一，針對民國63年（1974年）國慶，以〈打開團結的死結〉為題，指出當前報章雜誌一片好言，這種齊一的言論，毋寧是建立開放社會的一大障礙與危機，希望當政者主動積極且實際地敞開「政府的大門」以及「社會的大門」，讓每個人都有機會與保障，能夠在言論上與行動上實質地參與國事，共進良策，才能真正團結國人，有一個全民擁戴的政府，更是一個萬眾歸心的國家。

社論之二，是針對尼克森辭職，福特上臺後的情勢，談〈美國新政府對華政策的變與不變〉，社論分析，福特入主白宮後的第一件事，就是留住國務卿季辛吉，足見他的外交政策大致上仍是繼續完成尼克森主義未竟之志。美國新政府對華的政策，將依照《上海公報》的原則，與中共進行「正常化」的關係。社論提醒，國際關係是一種「動態」關係，須有適應國際變化的能力，更要有馭變的毅力，政府更應徹底革新政治，團結人心，使中華民國永遠屹立在國際政治之上。

目錄

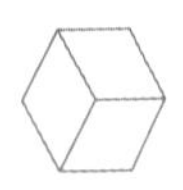

Issue No. 79

大學雜誌 第79期

民國63年11月

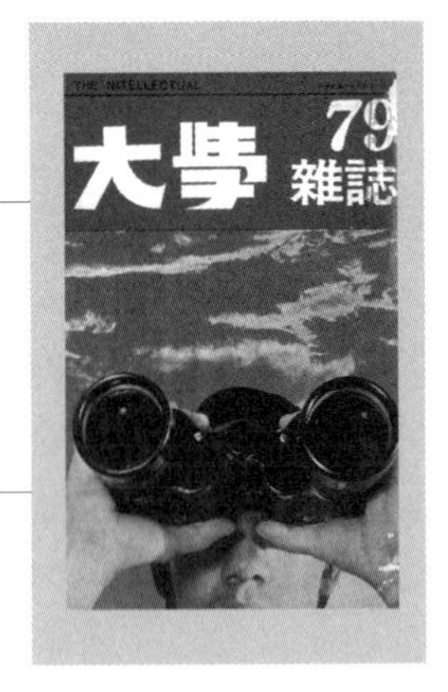

第79期封面

提要

《大學雜誌》在10月25日辦了一場「日據時代的臺灣文學與抗日運動」座談會，由陳少廷主持，出席的有王詩琅、黃得時、郭水潭、蔡德音、楊雲萍等，都是日據時代臺灣文壇的名作家和臺灣新文學運動的健將。筆名楊逵的楊貴，日據時代臺灣新文學傑出作家，也發表書面意見。

主持人說，今天出席的臺灣文壇上的前輩，都是當時文學抗日運動的健將，在臺灣光復節的今天舉辦此座談會，請這幾位文壇前輩來回憶他們當年以文學抗日的情形，也讓這一代青年有機會向前輩致敬。

座談會主要討論日據時代臺灣文學發展的經過，日據時代臺灣文學對於抗日運動的影響，日據時期臺灣文學與今日臺灣文學的比較。

目錄

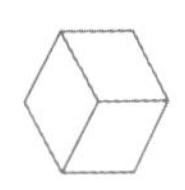

Issue No. 80

大學雜誌 第80期

民國63年12月

第80期封面

本期重點放在當時轟動一時的青年公司「冒貸案」，此案涉及臺灣省教育廳各級人員及三百餘所國中校長，《大學雜誌》以社論談涉案的教育廳長許智偉：「嚴正指斥許智偉言偽而辯的謬誤」，主張許智偉應該立即辭職以正風氣，因為此案對教育風氣破壞嚴重，對國事民心影響深鉅，負責全省教育行政工作的教育廳長，如果事先毫不知情，那是顢頇失職，如果事先知情，那是包庇枉法，無論如何難以擺脫他應負的行政責任。

另一篇胡佛寫的〈談政風，話法治，論民權〉，轉載自《臺灣時報》，也談到政風問題。胡佛指出，現代政治的理想是民主，所有措施必須重視民意，厲行法治與尊重人權。政治的行為如能時刻以民意為主，也就自然成為好的政風。而今日要改進政風，必須當政者把法治、民權放在第一，並且清除行政上的積弊。

目錄

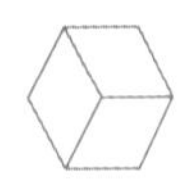

Issue No. 81

大學雜誌 第81期

民國64年1月

第81期封面

提要

本期是《大學雜誌》創刊七週年紀念，封面及內頁以「本刊特別報導」的形式，評析「索忍尼辛之後又一件轟動國際的蘇聯迫害學者案件」，聲援被逮捕迫害的猶太裔漢學專家魯賓教授。此一事件引發全球大規模的對蘇抗議行動，《大學雜誌》不落人後，以顯著篇幅表達立場。

黃森松發表「草根報紙：促進農村發展新力量」，作者曾在暑假期間，於家鄉美濃實驗性地創辦了一份草根報紙，名稱是《今日美濃》，堪稱臺灣社區報先驅。黃森松以實際經驗，描述草根報紙所能擔當的角色，以及面臨的局限與挑戰。

《大學雜誌》主編陳少廷應世界新專（世新大學前身）編採學會邀請，以「從《大學雜誌》創辦談起，兼論知識份子抱負」為題發表演講，回顧七年前創辦《大學雜誌》的初衷。陳少廷說，當時心目中理想的刊物是：一方面能廣泛介紹新知識新觀念來啓發新思想，另一方面則本乎知識份子的立場，對於與全體國民切身有關的各項問題，提出建設性的批評，以促進社會的進步。陳少廷說，七年來雖然自覺努力不夠，但始終沒有動搖過理念，改變過立場。

目錄

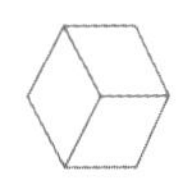

Issue No. 82

大學雜誌 第82期

民國64年2月

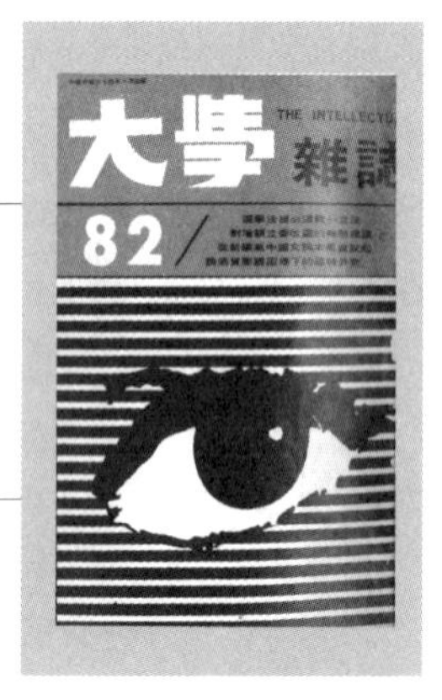

第82期封面

民國61年（1972年）增選的立法委員任期，64年（1975年）年底屆滿，當局決定任期屆滿後應即改選。本期社論〈對增額立委改選的幾點建議〉，讚揚當局的決定，並提供幾點建議供當局參考，包括應選名額應大幅度增加，選舉區域宜以縣市為單位，制定中央民意代表退休辦法。社論也對執政黨提出誠摯評言，希望提名人選能夠廣泛代表各階層、各行業，同時保留更多的名額給社會人士，這才能擴大真正的民意，使民主政治邁進新的境界。

陳少廷也以一篇〈選舉法規必須統一立法〉呼應，文章指出，選舉法規的不統一，不僅造成選民或候選人的錯覺，也常常引起不必要的紛爭，選舉法規的統一立法，實是革新選政的首要工作。陳少廷建議，政府在草擬「公職人員選舉罷免法」時，應該考慮幾個重要問題，如確立政黨提名制的研討，候選人學歷資格的限制問題，選舉監察問題，設立選舉法庭處理非法競選活動，選舉活動的規範，妨害選舉的取締，同額競選問題，選舉費用問題以及選舉訴訟問題。

目錄

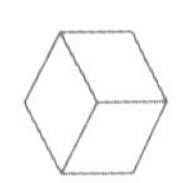

Issue No. 83

大學雜誌 第83期

民國64年3月

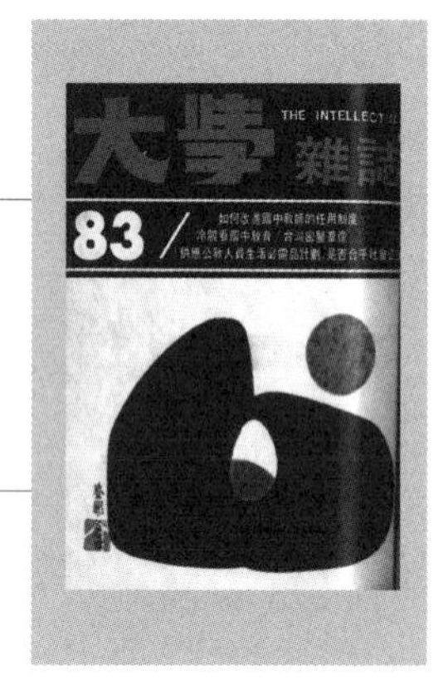

第83期封面

提要

青年公司冒貸案重創教育界形象，近期又爆出國中校長涉嫌聘用教員索取紅包案而被起訴，教育風氣問題再度受到關注。社論〈如何改進國中教師的任用制度？〉，揭示了教師聘任制度所帶來的紅包陋規等弊端，並認為在健全教育人事制度上，重要的不在制度本身，而在執行人員能否秉公處理，以及有無改革的決心與勇氣。另外，陳佩華的文章〈冷眼看國中教育〉，則是以當過老師的角度，對當前的教育界作了清醒的分析。

隨著社會發展，青少年與幼童的教育問題，也是不容忽視的關鍵，本期特別輯錄了李翠華的〈讓大家來關切育幼院童〉，潘文貴的〈淺談良友會青少年輔導工作〉，谷風的〈幾許無奈話懷安〉等三篇作品，來檢討這項社會工作。

本期版權頁中，新增黃森松、陳佩華為執行編輯。

目錄

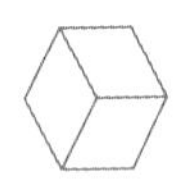

Issue No. 84

大學雜誌 第84期

民國64年4月

第84期封面

蔣中正總統在民國64年（1975年）4月5日逝世，舉世震悼，《大學雜誌》臨時增加一篇社論〈奉遺訓為無形之領袖〉，表示悼念。社論指出，蔣總統逝世後，政府立即依據憲法的規定，由嚴家淦副總統繼任，充分顯示中華民國民主憲政的精神和法治政治的活力。社論還強調，尤其使全國同胞感到安慰的，是執政黨中常會一致決議，慰留請辭的行政院長蔣經國，而蔣院長也表示將銜哀受命，繼續主持國家行政。社論稱，蔣總統的逝世，意味著另一個新領導時代的開始，這個領導中心已在全民擁護下，堅固地建立起來了。

《大學雜誌》3月舉辦了「從冒貸案談教育革新」座談會，本期刊出座談會紀錄。座談會由陳少廷和臺大教授蘇俊雄主持，與會者有馬起華、高育仁、繆全吉、陳達弘等，探討教育工作者的品德問題。曾被《大學雜誌》以社論點名批判的省教育廳長許智偉也出席，為涉及冒貸案的教育人員作了某些澄清，但承認從冒貸案中發現教育界的確需要加以整飭的地方。

最近一段時期，雜誌業出現新的風貌，紛紛以彩色精印來吸引讀者，頁數或紙張都比以前考究，許多老牌雜誌相形失色。《大學雜誌》在此刺激下，本期起印刷從活版改為平版。

目錄

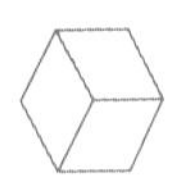

Issue No. 85

大學雜誌 第85期

民國64年5月

第85期封面

提要

蔣中正總統逝世，行政院長蔣經國第一件重要的政治措施，就是全國性減刑，叛亂犯亦包括在內。本期社論以〈一項振奮人心的政治上的創舉〉，談政府赦放政治犯的意義。社論表示，政治犯在法律上稱為叛亂犯，政治犯納入減刑範圍，有些可以立即獲得自由，足可向全世界宣示：蔣總統的逝世，非但未影響臺灣政治的穩定，反而是政治安定，人心團結的最佳證明。

本期另一篇社論〈請趕快開創一個新的局面〉，提出對蔣經國院長的期望。社論引述外交部說法，稱來臺參加蔣總統大殮的，總共只有25個國家287位各國特使及國際友人，顯現臺灣國際處境的艱難，面對變局，僅僅「不驚」是不夠的，必須進一步知道如何應變。社論呼籲，眼前變局發展得太快，留給蔣院長的每一分時間都很寶貴，期望蔣院長能把握時間，盡快開創新局。

目錄

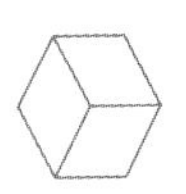

Issue No. 86

大學雜誌 第86期

民國64年6月

第86期封面

提要

本期《大學雜誌》規畫了一個「我看大學」的專題，從幾個不同角度探討當前大學的種種問題。專題涵蓋了五篇文章，包括了白水的〈大學教授的類型〉，粗分為爭權奪利型，求取名利型，混口飯吃型，教育家型，研究學者型。黃安捷的〈文法學生和理工學生又有什麼不同〉，張志明的〈該是大學生奮起的時候〉，愚漁的〈輔大面面觀〉，賴金男的〈淺論知識青年的就業問題〉，文章建議青年建立健全的就業觀念，從求學時代便積極參與社會。

除了納入專題的五篇文章，本期討論教育問題的還有陳春生的〈我對當前教育的十點建議〉，以及吳興周的〈談小學生的近視問題〉。

目錄

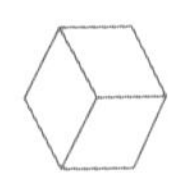

Issue No. 87

大學雜誌 第87期

民國64年7月

第87期封面

提要

本期社論〈論當前臺灣最大的經濟問題：均富〉，談的是經濟加速發展過程中，引發的一個重大問題，就是如何使發展的成果，即財富和所得，能公平分配，而不是由極少數人或集團獨享。社論指出，均富不一定和高度經濟成長相衝突，透過適當的財稅政策和嚴控幣值與物價，兼顧成長與均富是可以預期的。

江春男的〈寄望經濟繁榮帶動行政革新〉，則引述一個美國學生研究臺灣的公共行政，發現行政效能太差，如不趕快改進，將妨礙經濟發展。文章舉的例子包括銀行制度不佳影響合法貸款，一再翻修馬路且一修數月，環境髒亂忽略飲食衛生，公共設施缺乏管理。必須更重視行政效能，用經濟繁榮帶動行政革新，否則光靠經濟繁榮，無法成為現代化國家。

本期起，執行編輯改為龍思華與郭東茂。

目錄

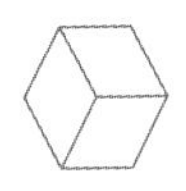

Issue No. 88

大學雜誌 第88期

民國64年8月

第88期封面

提要

本期刊出一則公道人的讀者投書〈不平則鳴〉，引述一份新創刊的雜誌創刊詞指出：《自由中國》、《時與潮》、《文星》及《大學雜誌》等雜誌，在爭取自由與民主的實施上，都付出了很大的努力，但曾幾何時，他們終不免於以悲劇收場，《大學雜誌》雖一息尚存，然而筆陣崩潰，民間言論已是一片沉寂了。

投書者對此説法深感不平，《大學雜誌》在「編者按」中表示：「作為一份獨立性的民間刊物，我們始終堅守知識份子的理性良知，發乎道德的勇氣，本乎知識的誠實，作為評論時政的準則。近八年來，我們始終不改初衷。」，「我們從不敢狂妄自大，自以為能包辦民間言論，獨占真理，我們只是民間輿論的一份子。」，「對於出於善意的指責，我們只有感激，對於輕率的侮罵，我們實不忍與之斤斤計較。」

本期社論談〈增額立委改選執政黨輔選政策之商榷〉，建議嚴格考核現任立委，拔擢才德俱尊之士，不宜插手黨外之爭，黨內黨外一視同仁，讓臺灣的民主政治邁入新的境界。

陳少廷在〈試論黨內外團結的障礙〉一文指出，政治永遠需要批評，主張延攬全國人才共謀國政，選舉應絕對公正，要多為黨外預留名額，黨外人士要有政治理想，黨內黨外宜精誠團結。

目 錄

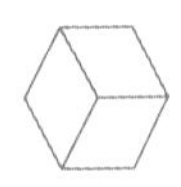

Issue No. 89

大學雜誌 第89期

民國64年9月

第89期封面

提要

本期《大學雜誌》特別刊出一則編後語「今後我們努力的方向：敬告作者和讀者」，文中坦承創刊近八年的時間裡，曾遭逢重重困難，但也得到來自廣大的作者與讀者們的鼓勵，今後將作更大的努力，以期對社會有更多的貢獻。《大學雜誌》宣示的努力方向有三，在立言方面，將以知識份子的理性良知為準繩，對當前國是問題提出嚴肅的諍言。在處理稿件方面，對於各種不同的意見，只要是出自善意，都樂於刊用。尤其是對《大學雜誌》社論提出批評的，更是歡迎。在內容方面，除繼續加強政論時評外，將努力充實有關知識性、思想性和文藝性的文章。

董克康的〈扛著民生主義的大旗闡明均富的真義〉，提出讀完第87期《大學雜誌》社論的感想，期勉《大學雜誌》在鼓吹均富的理想上，本諸〈風雨如晦，雞鳴不已〉的熱腸多作努力。《大學雜誌》還轉載鄭竹園於《聯合報》發表的〈均富社會的建立〉，以壯聲勢。《大學雜誌》第87期社論，著重於分析臺灣目前的經濟型態及其潛伏的危機，鄭竹園文章則側重於提出施行均富社會的方案，兩者可謂殊途同歸。

目錄

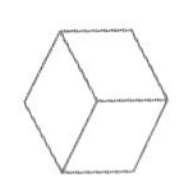

Issue No. 90

大學雜誌 第90期

民國64年10月

第90期封面

提 要

本期出刊日是民國64年（1975年）10月，適逢臺灣光復30週年，《大學雜誌》推出「光復節特輯」，包括林錦標的〈一張珍貴的傳單〉，回憶1945年5月18日光復前夕，他偷偷藏起美軍空投的傳單，得到日軍節節敗退及臺灣終將歸還祖國的消息。另外摘錄日人矢內原忠雄的〈論臺灣抗日民族運動〉，文章以嚴謹客觀的學者態度，赤裸裸地揭露日本帝國主義對臺灣人民的壓迫、榨取和歧視。

社論同樣呼應本期主題，以〈紀念臺灣光復30週年〉為題，兼論臺灣抗日民族運動的意義。社論指出，臺灣的抗日運動是中國抗日歷史的一環，臺灣光復固然是全國軍民英勇抗戰之功，但臺灣同胞固守民族立場，從事抗日民族運動，前後凡50年，從未間斷，也功不可沒。社論最後呼籲弘毅之士，效法抗日革命烈士，勇於建言，參與國政，激勵中興志節，好好建設臺灣。

目錄

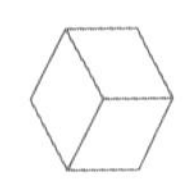

Issue No. 91

大學雜誌 第91期

民國64年11月

第91期封面

本期有一篇「特載」，是行政院長蔣經國在立法院所作的現場施政報告，這是一篇極具分量的精闢講稿。蔣經國的施政報告很有特色，不會官腔官調，他在報告中說：「我們今天是在同一艘船上同舟共濟，凡在船上的一份子大家往一個方向努力，就一定會安全；如果有幾個人想在船上挖小洞就成問題了，因為小洞會成為中型的洞，中型的洞又會變成大洞。所以今天大家要和衷共濟，風雨同舟，任何人不要在這條苦難的船上，苦難的國家中，再來挖小洞，來害大家，來害自己，那樣的話，船要沉，大家是會一起沉下去的。」

本期社論以〈只有實行憲政法治才能結合民心〉為題，評析蔣經國的施政報告。社論指施政報告中的同舟共濟說法，在此時此地，值得深思警惕。然而，要國人風雨同舟，精誠團結，則需要力行憲政法治，民主憲政不僅注重對個人尊重，也側重對異見的容忍，尊重與容忍均是為了實現全民的參與，也才能真正團結人心。

目錄

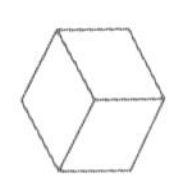

Issue No. 92

大學雜誌 第92期

民國64年12月

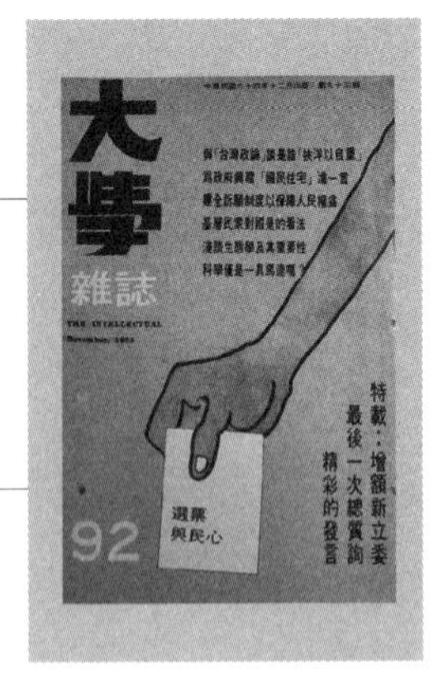

第92期封面

提要

增額立法委員選舉將在12月20日投票，本期《大學雜誌》社論〈選票與民心：對增額立委改選的期望〉，針對執政黨和黨外人士分別提出建言。執政黨方面，社論希望能以「嚴以律己，恕以待人」的雍容大度，公平競選，這樣才能贏得選舉，也贏得民心。黨外方面，社論提醒珍惜言論自由，也善用言論自由，爭取人權，體現民主政治的價值。

本期《大學雜誌》還刊出林倖一的〈與《臺灣政論》談是「誰挾洋以自重」〉。《臺灣政論》是一份新雜誌，由兩位黨外立委黃信介、康寧祥創辦，第二期有一篇〈何非〉的投書，指《自立晚報》記者吳豐山、林倖一、《聯合報》記者張作錦，到國外一趟之後所寫的討論國事文章，是「挾洋自重」。林倖一為文反駁，指投書者過於武斷，並提醒《臺灣政論》「不可狂妄自大，自詡自己才是民間言論」，「您我所反映的只是民間一部分意見而已，您我都不能獨占輿論。」

目 錄

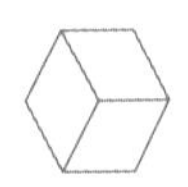

Issue No. 93

大學雜誌 第93期

民國65年1月

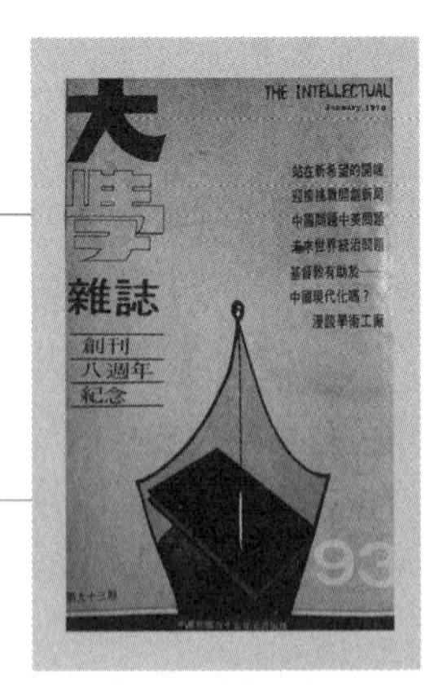

第93期封面

民國65年（1976年）元月出刊的本期是《大學雜誌》創刊八週年紀念號，社論是新年獻言〈站在新希望的開端〉，文章提出若干建言，供執政當局參考。在政治方面：希望政府遵守民主憲政體制，確切保障自由人權的尊嚴。在政治革新方面：應更積極整飭政風、肅清貪污、消滅特權，以建立清明公正的政府。在經濟方面：希望在發展經濟的過程中，要兼顧財富的均衡，奠定社會安定、和諧與進步的基礎。

陳三井在「迎接挑戰，開創新局」中也指出，中興以人才為本，人才是開創新局的原動力，如何啓用新人，須把握兩項原則，第一，打破黨派、地域、文憑、背景、年資等種種界線。第二，視其人是否有「現代性」而定，包括在人與事各方面樂於接受新的經驗，對社區事務與地方政治有濃厚的興趣，而且能夠主動地參與。一個政府機構如果充滿這種具有現代性的幹部，行政效率自然提高，一個社會或國家若大多數人民具有這種現代性，自可應付任何挑戰風暴，促成社會國家的現代化。

本期卷首還刊出歲暮編者、作者座談（1975年12月19日舉行），由陳少廷主持，出席者有楊國樞、沈君山、金神保、胡佛、馬起華、尉天驄、張存武、文崇一、陳三井、周天瑞、呂一銘等。大家一致強調，《大學雜誌》是以民主、法治、團結共同目標，並負有全民民主教育思想的責任。

目錄

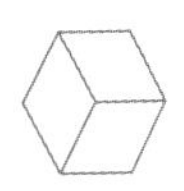

Issue No. 94

大學雜誌 第94期

民國65年2月

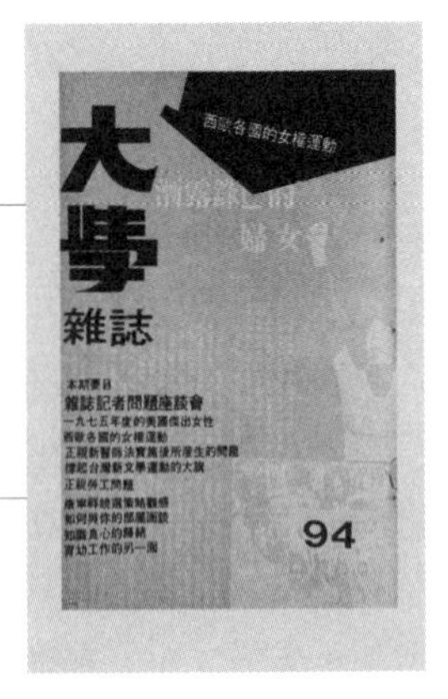

第94期封面

雜誌能否設置記者？是雜誌界一直關心的問題，《大學雜誌》辦了一個座談會，邀多家雜誌代表發表意見，座談紀錄刊登在本期《大學雜誌》。《大學雜誌》發行人陳達弘發言時表示，自民國32年政府頒布「新聞記者法」，三十多年來，雜誌界一直可以說是「身分未明」，如果雜誌不是新聞事業，那應該如何稱呼才適合？陳達弘說，最近雜誌協會為了維護雜誌界的尊嚴與權益，提出一份研究報告，為雜誌設置記者據理力爭，值得雜誌界共同支持。新聞局出版處處長張佐為也出席了座談會，承諾政府極重視這個問題，必作徹底而合理的解決。

本期另一個重點是婦女問題。鄭月裡介紹〈1975年度的美國傑出女性〉，陳婉華則介紹〈西歐各國的女權運動〉，兩篇文章對婦女問題都有啓發性的著墨。

剛過去的增額立委選舉，仍是熱門話題。朱魯的〈康寧祥競選策略觀感〉，分析康寧祥勝選絕招，包括拉攏本省籍，放鬆外省籍；演說攻勢，錢不虛花；販賣書刊，籌集經費兼宣傳；劃定範圍，局部攻堅。鄭丞傑的〈觀選雜感〉，則從選舉新聞、投票率、異地投票、新血輪等幾個面向，發表看法。

目錄

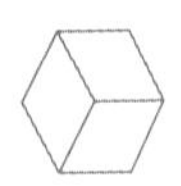

Issue No. 95

大學雜誌 第95期

民國65年3月

第95期封面

提要

本期對前一年逝世的蔣中正總統，以社論〈建立人道主義的政治〉，表示懷念，並就如何建立一個人道主義的現代化民主政治，提出若干建言：一，確實保障基本人權。因為保障基本人權乃是憲法存在的理由，而只有在各方共認的憲政體制基礎上，政府與人民、黨內與黨外，才能結成一體。二，積極促進全民福利。人道主義在經濟層次而言，就是福利國家的經濟政策，政府在發展經濟過程中，應兼顧財富均衡，奠定社會長期安定的基礎。

黃敏章的〈對於文化建設工作的意見〉，提出他對文化重建工作的沉思與整理。他認為，面對變局，要讓自己的國家民族挺得住腳，進而開展文化理想，有賴新的思考方法，釐清並重建自己的文化，「替我們偉大的文化，重新在時代潮流中，尋找安身立命之處。而此也預設了我們文化未來的生命力。」

目錄

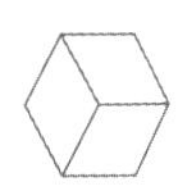

Issue No. 96

大學雜誌 第96期

民國65年5月

第96期封面

提要

發生在民國8年的五四運動，是中國現代史上輝煌的一頁。本期《大學雜誌》社論〈紀念五四：發揚愛國主義與理想主義精神〉指出，今人紀念五四的熱情似在逐漸冷卻，但社論對此運動仍給予高度歷史評價，認為五四運動留給後人的，最重要的是愛國主義的精神，和知識份子所追求的「理想主義的境界以及青年們關懷國事的無比熱情」。文章最後呼籲，紀念五四，要吸收歷史經驗，發揚五四精神，高舉愛國主義與理想主義旗幟前進，為國家創造一個更美好的未來。

除社論外，蔡清隆的〈五四運動〉一文，略述了此一運動的始末及其歷史地位。文章特殊的是將五四運動與淝水之戰作了比較，認為淝水之戰後，南北對峙，胡漢文化混融。而五四運動又有人稱為新文化運動，伴隨愛國運動的風起雲湧，西方文化也以浩大之姿進入中國，中華文化面臨重大衝擊，但也有了重生的契機。

目錄

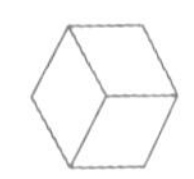

Issue No. 97

大學雜誌 第97期

民國65年6月

第97期封面

提要

教育問題尤其是大學教育問題，是本期《大學雜誌》的重點。社論之一〈從大學評鑑談學術發展〉，針對教育部公布大學院校物理、數學、化學、醫學、牙醫學五個學系與研究所的評鑑結果，此一教育史上的劃時代創舉，社論肯定教育當局的勇氣，但也提出進一步建議，包括應淨化學術園地，讓真正辦教育的人主持校務，建立嚴格而客觀的學術標準，社會尤其新聞界也要建立公正的批評制度與風氣。

社論之二〈慎重審核大專院校各科系招生名額〉，提出高等教育應配合國家經建計畫，確保經建所需人才供應無缺，另一方面也要嚴控大學生錄取名額，避免高等教育在量的方面過分膨脹，形成嚴重的大專青年失業問題。

其他相關文章還有楊公的〈教育新論〉，埋亦可的〈一個畢業生的肺腑之言〉，擇明的〈談考試舞弊〉，將問的〈自省與自勵〉，何學流的〈論大學英文系應培育翻譯人才〉。

目錄

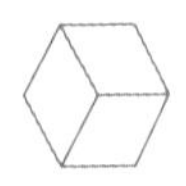

Issue No. 98

大學雜誌 第98期

民國65年 6月30日

第98期封面

提要

民國65年（1976年）6月30日出刊的本期《大學雜誌》，社論是〈紀念七七抗戰：掃蕩漢奸餘孽〉，提醒在紀念抗日戰爭39週年的同時，不要輕忽日本再度稱霸的企圖，包括日本逐步「修正」二次大戰（尤其是中日之戰）的歷史，更須警惕的是臺灣還有人跟日本人唱和，「利用大眾傳播機構和出版商，傳播漢奸意識」。社論點出胡蘭成，給予不留情的批判。

除了日本之外，美國仍是臺灣對外政策最須重視的對象。陳少廷的〈卡特何以能脫穎而出〉，分析了美國民主黨總統提名人卡特崛起的原因及動向。另外，江春男的〈外交人事面面觀〉，從記者的角度觀察政府駐外人員的工作表現，並指出駐外人員及代表政府到國外的人員，必須做到精選幹練，杜絕酬庸，才能在每一個據點上立於不敗之地。

目錄

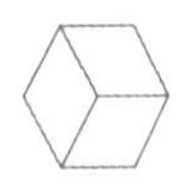

Issue No. 99

大學雜誌 第99期

民國65年8月

第99期封面

繼上期社論紀念神聖的七七抗戰，呼籲共同「掃蕩漢奸餘孽」，本期社論再接再勵，提出〈掃蕩文化界的買辦思想〉，從批判胡蘭成，進而檢視出版界、大眾傳播界、文化界及部分學界充斥的買辦歪風。社論稱，這些自居「高等華人」的買辦階級，在洋人面前卑躬屈膝，在中國人面前則高視闊步。社論表明，「我們尊重先人用血汗灌溉出來的中國傳統文化，也欣賞西洋文化的成果，但崇洋媚外的買辦思想必須剷除，否則，中國人將永無出頭之日。」

黃煌雄發表〈臺灣的先知先覺：蔣渭水先生〉一文，紀念渭水先生逝世45週年。蔣渭水是日據時代最富民族主義情操、最堅持民族主義運動而又最能發揮民族運動影響力的革命家。黃煌雄認為，蔣氏的民族情操，部分是經由文化認同而來，但更重要的，是受孫中山先生的影響。

目錄

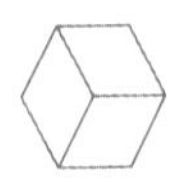

Issue No. 100

大學雜誌 第100期

民國65年9月

第100期封面

提要

民國65年（1976年）9月出刊的《大學雜誌》，邁入第100期，本期社論〈本誌發行一百期感言〉，對這麼一本沒有財團或類似性質機構支持的學術性刊物，能發行到100期，坦言「也不是一件容易的事」。社論指出，辦雜誌首先要考慮的，是一本雜誌所能享有的言論自由的尺度與範圍。然而，自由的輿論是民主政治的重要支柱之一，「今後，本誌仍將一秉初衷，善盡言責，以遂書生報國之素志。」

本期《大學雜誌》推出「林獻堂先生逝世廿週年紀念專頁」，包括嚴家淦總統的〈憶灌園先生〉，蔡培火的〈灌園先生與我之間〉（以上二文選自林獻堂先生追思錄），葉榮鐘的〈明智的領導者林獻堂先生〉，陳少廷的〈追思林獻堂先生的高風亮節〉。

9月9日，毛澤東病逝北京，劉清波的〈毛澤東死後中共權力繼承鬥爭的分析〉，對北京今後動向有所評析。文章指出，在權力繼承的競逐中，左派、右派、職業軍人是三大力量，而軍方勢力似已靠向右派，相信要經過一段混亂複雜的搏鬥，才能建立新的統治秩序。

本期起，翟平洋加入《大學雜誌》執行編輯行列。

目錄

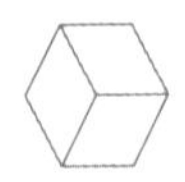

Issue No. 101

大學雜誌 第101期

民國65年10月

第101期封面

提要

為紀念孫中山先生110歲誕辰，黃煌雄撰〈孫中山對蔣渭水先生的影響〉，文中稱，日據時期，祖國人士影響臺灣同胞最深遠，最為臺灣同胞尊敬的，是被《民報》尊為「國民之父，弱小民族嚮導者」的革命領袖孫中山先生。臺灣同胞中，受孫中山先生影響最深遠、最勤於研究孫中山先生思想，最能效法孫中山先生精神並活用其主張的，便是蔣渭水。孫中山先生被尊為國父，「臺灣的孫中山」蔣渭水逝世後，廿多年來，卻一直在自己畢生奮鬥的土地上寂靜安息。

另為紀念世新創校20週年，《大學雜誌》轉載了成舍我在《小世界》發表的〈我如何創辦世新〉，回憶民國45年（1956年）10月15日世新建校前後的情形。老報人成舍我在臺灣無法辦報，改而投入新聞教育，成立「私立世界新聞職業學校」，第一學期只有60幾位學生，在成舍我用生命灌溉下，世新如今已成為大學，培養的新聞與非新聞人才不計其數，79高齡的成舍我回憶這段歷史，有感慨，有安慰，也有更多的期許。

目錄

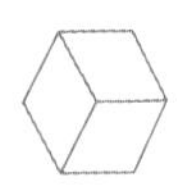

Issue No. 102

大學雜誌 第102期

民國65年11月

第102期封面

提要

本期《大學雜誌》刊出一則短文：屬於大家的《大學雜誌》。短文特別提到《大學雜誌》獲得第一屆優良雜誌金鼎獎，此一榮耀完全建立在近九年來，所有愛護《大學雜誌》的讀者、作者與獻身《大學雜誌》的工作同仁，全體一致的努力與支持。短文稱，在喜悅的同時，一股繼續榮耀明日《大學雜誌》的衝動，亦似金鼎沸騰，「我們深信，明年的《大學雜誌》必能更令讀者滿意」。

經過一番龍爭虎鬥，美國民主黨總統候選人卡特，終於擊敗共和黨現任總統福特，當選美國第39任總統。陳少廷以〈卡特終於登上白宮寶座〉一文，分析這位花生農夫獲勝的因素。卡特是張新面孔，他誠實的品格給選民良好印象，他的崛起，充滿傳奇色彩，搶盡了新聞鋒頭。綜合地說來，中下階層、少數民族、非洲裔、勞工、青年群眾和自由派人士的支持，奠定卡特獲勝的基礎，而他的勝任，也反映了一個事實：美國人民決心尋求一位更堅強的領袖，希望他能徹底革除傳統的官僚作風和政治污染，恢復人民對政府的信心。

本期起，執行編輯為龍思華、翟平洋。

目錄

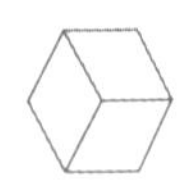

Issue No. 103

大學雜誌 第103期

民國65年12月

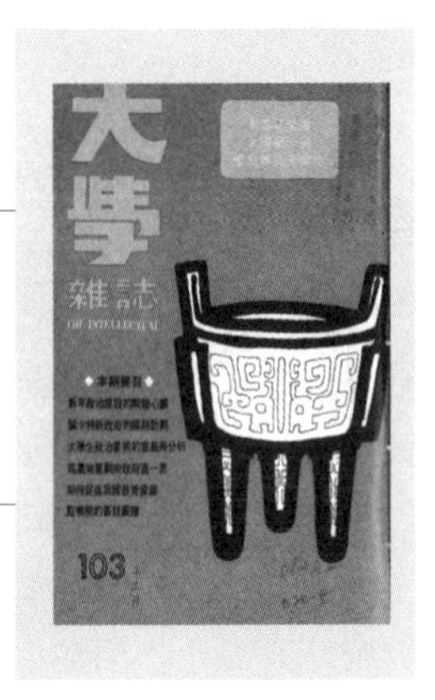

第103期封面

提要

民國65年（1976年）12月31日出刊的本期《大學雜誌》，封面打上「本雜誌榮獲全國第一屆優良雜誌金鼎獎」，封面設計也放上金鼎圖案。

社論〈新年：政治建設的兩個心願〉中，提出的第一個心願是弘揚民主法治，辦好地方選舉，希望五項公職選舉中，執政黨候選人與黨外人士公平競選，如此才能真正贏得選舉，也贏得民心。第二個心願，是召開救國會議，促進全民團結，邀各黨派人士及社會賢達，共商國是，貫徹民主政治精神。

卡特出任美國總統，是國際大事，《大學雜誌》除了以社論〈慶賀卡特先生就任美國總統〉，期許臺灣與美國為自由、民主、正義的共同理想攜手合作，另外還邀請毛樹清撰寫〈論卡特新政府的國防計畫〉，轉載聯輿的〈卡特新內閣和主要閣員〉，張京育的〈卡特組閣之經過與背景〉，從各個面向分析觀察及探討卡特新政府，供朝野參考。

目錄

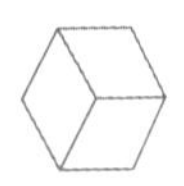

Issue No. 104

大學雜誌 第104期

民國66年2月

第104期封面

提 要

本期重點仍放在剛上任的美國總統卡特，社論〈人權與道德政治〉，表達了對卡特就職演說的感想。社論指出，卡特演說中三次提到人權問題，顯示美國新任總統重新點燃自由人權的火炬，全世界也勢必展開人權運動。對卡特演說揭櫫的人權與道德政治理想，社論表示欣慰，並認為與臺灣奮鬥的目標：恢復全體中國人的自由人權，不謀而合，證明「德不孤必有鄰」。

針對卡特高舉的人權與道德大旗，也有人以較為冷靜的態度評估。《大學雜誌》轉載了金神保在《臺灣時報》的〈道德外交與相對實力〉，比較了卡特與尼克森乃至福特在外交政策上的差異，以及美國蘇俄兩強之間的全球戰略抗衡局勢。金神保認為，美國所發起的思想奮戰，可能的發展如何，尚言之過早，但必須了解，在實際政治上，仍有客觀環境的局限。

卡特當選後，任命布里辛斯基出任國家安全顧問，魯曉明在〈談布里辛斯基的外交思想〉，分析這位共黨專家的外交思維和可能的策略，結語特別期許卡特與布里辛斯基堅守對中華民國的承諾，勿背棄盟友，不要貪圖一時之利而造成損人不利己的結果。

目 錄

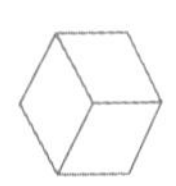

Issue No. 105

大學雜誌 第105期

民國66年3月

第105期封面

提要

　　五項公職人員（臺灣省議員、縣市長、縣市議員、鄉鎮長及臺北市議員）選舉，將在年底舉行，本期社論〈迎接地方大選年的來臨〉，對執政黨的提名政策提出檢討與建議。在建議方面，包括嚴格考核現任人員、排除財團干預選舉、拔擢德才俱尊之士、增加農工代表名額、鼓勵社會人士競選。社論指出，執政黨是國家的領導中心，希望執政黨能革新自強，以「天下為公」、「選賢與能」的開闊胸襟來號召國人，共同迎接大選年的來臨。

　　本期《大學雜誌》還製作了「吳新榮先生逝世十週年紀念專輯」。吳新榮醫師是日據時代出身臺南的知識份子，曾因反日而下獄，承載了中國讀書人誠樸虔敬的優良傳統，懸壺濟世之餘，召集地方知識青年，為建設地方文化、鼓吹新文學而努力，一時人才輩出，形成臺灣文學史上獨樹一幟的「鹽分地帶文學」。陳少廷在〈懷念吳新榮先生〉中說，在他接觸過的上一輩臺灣讀書人中，吳新榮可說是最富有理想主義的自由思想家，在政治上雖是位「失意的人」，但卻在醫學、文學、民俗方面，有重要貢獻。專輯還刊出了吳三連、王詩琅、黃得時、張良澤等人的文章，其中，吳三連以〈一位可敬的知識份子〉為題撰文追念吳新榮，實是最適當的寫照。

目錄

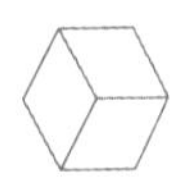

Issue No. 106

大學雜誌 第106期

民國66年4月

第106期封面

提要

1977年3月印度大選，甘地夫人領導的國大黨遭遇空前慘敗，四個在野黨合組的新人民黨獲國會壓倒性勝利，這個結果不僅轟動印度，也震撼全球。本期社論〈自由與麵包一樣重要〉，評論甘地夫人慘敗的教訓。社論認為執政長達30年的國大黨敗選，完全是敗在甘地夫人的獨裁高壓統治，招致人民反彈，眾叛親離。不過甘地夫人落選後表現的風度，社論仍給予肯定。社論也引述一位加爾各答農夫回答倫敦《泰晤士報》記者的話：「千萬不要看我們貧苦而且不識字，就認為我們不需要人權。」這句話，可以說是此次印度大選最重要的啓示。

本期有兩篇與農業相關的文章，一篇是黃森松的〈我國菸葉種植事業的檢討〉，作者為美濃的菸農人家子弟，多年來目睹菸農固守這份辛苦的工作，栽培子女成材，也為國庫貢獻逾百億元的收入。文章對這個產業進行深入調查研究，訴說菸農的心聲，希望當局多了解他們的苦境，並讓臺灣的菸業早日現代化。

另一篇是曲辰的〈為農業打開一條出路〉，文中針對《聯合報》社論〈彈性調整稻穀保證收購價格〉，提出不同看法，認為不應採用彈性收購價格，保障農民權益。文章建議鼓勵農民改種高經濟價值作物、健全運銷制度、擴大經營面積、減輕農民負擔。希望政府排除萬難，為問題重重的農村打開一條出路。

目錄

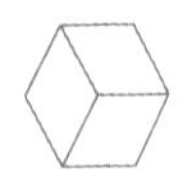

Issue No. 107

大學雜誌 第107期

民國66年5月

第107期封面

提 要

教育部長蔣彥士對14所大專院校師生參觀蘇澳港不幸發生覆船事件，導致36人死亡，自認防範不周，引咎辭職獲准。本期社論〈民主政治就是責任政治〉指出，這是我國政務官因重大偶發事件立刻呈辭獲准的第一人，值得肯定。社論認為，蔣部長的辭職，為責任政治樹立了風範，政府迅速准辭，也充分顯示大有為政府的反鄉愿作風。

本期《大學雜誌》推出「知識份子談現代化問題」專輯，有呂亞力的〈泛論政治現代化〉、龍寶麒的〈中國現代化與現代文學〉、張玉法的〈西方學者對中國現代史的研究〉、賴金男的〈明日中國社會往何處去？〉、楊孝濚的〈臺灣農村現代化過程中的基本問題〉、李安和的〈從音樂社會學談現代中國民歌何去何從〉等，從多個角度談現代化的種種問題。

目 錄

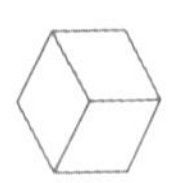

Issue No. 108

大學雜誌 第108期

民國66年6月

第108期封面

本期的主題是知識份子談教育問題，包括社論和13篇文章。社論〈對教育問題的一些看法和建議〉，希望政府優先增加教育預算，讓教師和學生人數維持適當比例，提高教學品質，改革教師進用制度，端正教育風氣。

張潤書的〈細數當前教育的五大病〉，指出升學主義、學風敗壞、程度低落、形式主義、觀念偏差這五大缺失，盼當局從速拿出對策，挽救臺灣的教育。

丘為君的〈壓抑的大學生〉，舉出七十年代的臺灣大學生有著思想壓抑、經濟壓抑、情感壓抑等現象。總結起來，感情和經濟壓抑究竟是屬於比較個人的，比較相對的，然而思想的壓抑則關係著整個民族的命脈，沒有健全的腦袋，不可能有健全的下一代。丘為君結語中說：「大學是社會的良心，有時候我不禁要捫心自問：我們大學生還有良心嗎？」

另外還有楊孝濚的〈大學生職業意識與教育投資之意義〉、陳偉士的〈今日我國學校教育值得注意的幾個問題〉、林進樹的〈臺灣教育的類型化〉、黃暉理的〈談大學聯考及其改進之道〉、張世樂的〈談大學生的自私心〉、羅曼的〈請勿為難孩子〉、樂信的〈談國民教育的徹底改革〉、蔣代倫的〈談大專畢業生的就業問題〉、李筱峰的〈雖然，但是，今日一般大學生的政治信仰〉、王爾德的〈體罰應該適可而止〉、江安燃的〈為學弟妹們多說幾句〉。

目錄

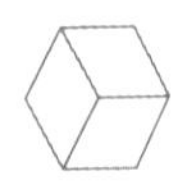

Issue No. 109

大學雜誌 第109期

民國66年7月

第109期封面

提要

去國三年多的陶百川回到臺灣，函請內政部註銷其監察委員資格，副本致送監察院，完成辭去監委的程序，《大學雜誌》發表社論，稱「至此陶百川辭卸監委風波終告塵埃落定」。這篇社論題為〈建立中央民意代表退休制度此正其時〉，指出歲月無情催人老，這是無可奈何的事，終有一天，這些變相「終身職」的中央民意代表，就是不辭職，遲早也總該讓他們退休的。社論呼籲當局正視中央民代的退休問題，趕快建立制度，促進民主政治的發展。

楊孝濚在〈大眾傳播媒介與選舉」〉中指出，現階段臺灣的候選人比較趨向於利用個人和團體的力量，而較少直接利用大眾傳播媒介作為競選宣傳的工具，這和美國利用大量的大眾傳播媒介作密集宣傳，完全不同。文章也不客氣地說，臺灣主要紙媒《中央日報》、《中國時報》和《聯合報》，偏向選擇性和頌揚性的報導，會減低傳播效果，尤其對知識份子，這種型態的傳播方式，產生的效果更為有限。

目錄

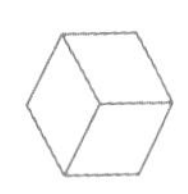

Issue No. 110

大學雜誌 第110期

民國66年9月

第110期封面

提 要

本期《大學雜誌》隔了兩個月，才在9月出刊，在「編輯室報告」中除表示歉意，並指出，久已沉寂的《大學雜誌》在喬遷新址後，將更積極加強讀者、作者的聯繫，充實編輯陣容，推出一系列的「青年論國是」座談會。本期座談會主題是「中美外交關係的展望」，從邀請的成員中，不僅顯示了這一代青年知識份子的熱情奔放，從座談會內容上，亦充分顯示了這一代青年的可畏。

卡特上臺後，延續尼克森的外交政策，推動與中國大陸「關係正常化」，此次座談會即針對這一情勢，聚集關切國是的年輕人，展望今後的臺美關係。這些年輕人幾乎都來自大學校園，由臺大史研所的徐平國主持，出席的有楊敏雄、葛永光、周振堅、李一恆、賈慧、楊麗瑛、丘為君、葉匡時、寇崇榮、鄒理民、陳明達、陳立文、劉正芬、洪芬華、陳中雄、劉渼和《大學雜誌》主編翟平洋。這些年輕人中，有些人日後踏入政界，嶄露頭角。

本期《大學雜誌》的版權頁有所變動，發行人仍為陳達弘，取消主編和執行編輯，編輯者只留本刊編委會。

目錄

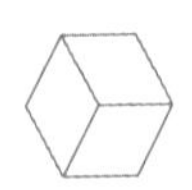

Issue No. 111

大學雜誌 第111期

民國66年10月

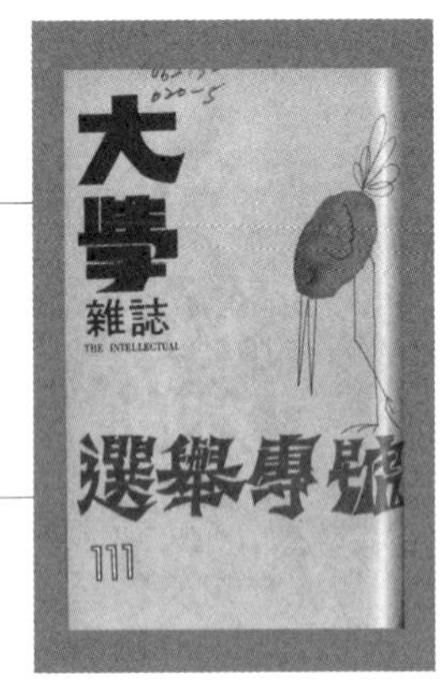

第111期封面

提要

張俊宏為了參加省議員選舉，出版了《我的沉思與奮鬥》一書，其中頗多涉及《大學雜誌》和雜誌社同仁，本期《大學雜誌》刊出陳少廷和陳達弘的文章，有所回應和澄清。

陳少廷的文章是〈一隻政治蒼蠅的嘴臉：駁斥張俊宏的讕言〉，稱張俊宏書中所述《大學雜誌》部分，絕大部分不符事實，又涉及個人名節，因此針對「張俊宏如何利用《大學雜誌》？」及「張俊宏是怎樣的一個人？」，回顧《大學雜誌》的創刊、改組過程，以及張俊宏在此過程中扮演的角色，描述張俊宏「混進《大學雜誌》、奪取《大學雜誌》、利用《大學雜誌》」的真相，並指斥張俊宏人格特質和行事作風上的缺點。

陳達弘的文章是〈誰是吸血蟲：我看張俊宏這個人〉，說明陳達弘接辦《大學雜誌》以及為張俊宏助選的經過，對張俊宏的風骨和政治道德，有所評述。文章還回憶，某日在包奕洪家裡，許信良、康寧祥和《大學雜誌》同仁在座閒聊，許信良冒出一句：「康寧祥來當《大學雜誌》社長，如何？」（當時社長陳少廷不在場），康寧祥回應是：「《大學雜誌》的立場超然、公正、客觀，不該屬於個人或某一群體，我是從事政治工作的人，若一旦當上了社長，難免會影響到雜誌的立場，對《大學雜誌》來說會是一種損失，這不是我個人希望的。」。陳達弘對康寧祥人格的光明磊落，敬佩不已。

本期推出青年論國是座談會之二，此次座談的主題是「中國知識份子的再覺醒」，請來楊國樞、李亦園、胡佛、張忠棟四位教授擔任主講人，出席的年輕學子有蘇煥智、陳學聖、彭懷恩、朱雲漢、周陽山等多人。

另青年論國是座談會之三「論鄉土文學」，出席的有齊益壽、李利國、丘為君、寇崇榮、葉匡時等。以上兩場座談都由翟平洋主持。

目錄

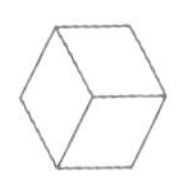

Issue No. 112

大學雜誌 第112期

民國66年12月

第112期封面

提 要

上期《大學雜誌》刊出駁斥張俊宏的文章發布後，引起熱烈的反應，有許多讀者提出疑問，陳少廷、陳達弘在本期以答客問的方式，答覆關於「政治蒼蠅」的種種問題。答客問強調，「我們寫文章駁斥張某的讕言，係基於自衛，並為維護同仁之名譽」，「對選舉會發生怎樣的影響，不在我們考慮之內，因為我們爭的是是非公道，不是當選或落選之問題」。

五項地方公職人員選舉11月19日投票，受到關心臺灣政治發展人士的矚目。本期《大學雜誌》刊出兩篇與選舉有關的文章，一篇是李棟明的〈談臺灣地方自治選舉與姓氏之關係〉，分析選舉結果是否受當地人口姓氏構成的影響，文章指出，從四屆的省議員與縣市長當選人之姓氏來看，不難知道大姓的當選比例常較大。不過文章也提醒，候選人的品德、學識、財力、政黨背景、群眾聲望等等因素極為錯綜複雜，不能一概論定某姓氏候選人一定當選或落選。

另一篇文章是轉載謝正一的〈談談參與選舉的涵養〉，認為參與政治活動的人，必須有一種「謀事在人，成事在天」的胸襟，舉世之大，並不是非你不可。文章特別指出，希望黨外候選人學習郭國基先生的精神，愛國愛民，再接再厲，但從不藉外國勢力助長自己的聲勢。

目錄

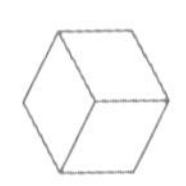

Issue No. 113

大學雜誌 第113期

民國67年2月

第113期封面

踏入民國67年（1978年），2月出刊的《大學雜誌》推出「研究所教育」專號，其中有一篇是陳家秀專訪臺大教授王曾才〈談當前研究所教育〉，王曾才表示，當前研究所教育的確存在若干缺點，師資方面，教育部和學校當局均頗注意吸收或培養優良師資，然而成效有限。設備方面，普遍感到不足。對研究生的照顧，物質上似可增加獎助學金的名額和相關福利，精神上似可從加強師生關係，和增加有利青年人身心的活動著手。王曾才認為，要提高研究所教育的素質，應從減少人數，限制所數，和採取重點發展的政策著手，才可望成功。

張玉法教授在〈論研究所教育應從制度上謀求改進〉中指出，所與所應建立更密切的關係，所和學系之間，在設備、師資、課程、研究環境等方面也應有所區別。他更建議，大學部之上，應單獨成立研究部，師資方面應設研究教授，除本身研究之外，應盡量只做研究。課程安排上，除必修課程，學分不足時，可所外選課，讓學生可以精選所有課程。

專號中還有憑郭、褚耐安、謝友義、沂軒的相關文章，提出各種意見。

目錄

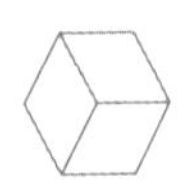

Issue No. 114

大學雜誌第114期

民國67年4月

第114期封面

本期遲至4月出刊，正逢3月舉行的第一屆國民代表大會第六次會議，選舉蔣經國為中華民國第六任總統，《大學雜誌》以社論〈堅守民主陣容〉表達祝賀之意。社論指出，蔣經國當選總統，象徵一個新紀元的開始，一切不合時代的落伍行為，均應予以漸次革新，但這種開端的形成，卻是要建立在一個周全的民主制度上。社論說，唯有堅守民主陣容，更仔細更積極地實施中國的民主制度，才是國家和人民的最終目標。

本期《大學雜誌》還刊載了曾祥鐸的〈臺北的吼聲喝退了費正清〉，這是臺北兩次反費正清會議的紀要。費正清是美國聞名的所謂「中國通」，他力主美國應犧牲臺灣，與中國大陸建交，並數度赴北京訪問，但他仍可自由進出臺灣，照樣受到熱烈歡迎和新聞界的宣揚，更添費氏的氣焰。曾祥鐸在文章中描述了費正清最新一次訪問臺灣踢到鐵板的經過，首先是立委胡秋原、李文齋和反共學人任卓宣、鄭學稼等九人在報上刊出〈對費正清來臺之共同聲明〉，聲明刊出後，空氣為之一變，民氣激昂起來了。胡秋原等人在自由之家舉行「反對費正清出賣自由中國」座談會，胡秋原慷慨精采的專題演講，獲得震動屋宇的掌聲，胡秋原並向費正清下戰書，要求公開辯論。

接著在耕莘文教院舉行「反對危害中華民國」座談會，有更多愛國者出席，原被視為「費派」的陳鼓應批判費正清企圖分裂中國的理論，為大會掀起最高潮。

兩次會議，凝聚了愛國激情，也讓身在臺灣的費正清見識了莫可遏阻的民族主義浪潮。

目 錄

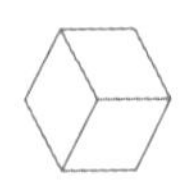

Issue No. 115

大學雜誌 第115期

民國67年5月

第115期封面

蔣經國在5月20日宣誓就任第六任總統，《大學雜誌》發表一篇〈齊家、治國、平天下〉，介紹蔣經國和他的家人，表示賀意。另外，還刊出蔣經國就職致詞全文，視其為一篇重要的政策演説，具有歷史保存價值。

本期社論〈青年學生的三個問題：教育制度、訓導態度、思想問題〉，認為青年學生面對的一些急待解決卻年年懸而未決的問題，或許牽連的事權和政府部門太多，或許是經濟成長、社會結構變化過程中必然的發展，但這些問題已到了必須徹底檢討改變的時候，「現在似乎正是時候」。

呼應社論，本期《大學雜誌》推出〈青年、學生〉專題。陳嘉宗界定〈大學生淘汰的三個問題〉，王爾德質疑〈嚴格淘汰真的嚴格嗎？〉，謝正一的〈從提高大學生素質談起〉，楊子潔則是〈從大學生擺地攤説起〉，討論大專畢業生出路問題，王定和思考的是〈為什麼一定要參加大專聯考？〉

目錄

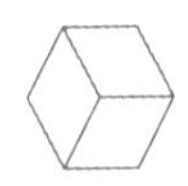

Issue No. 116

大學雜誌 第116期

民國67年7月

第116期封面

提要

尼克森在1972年訪問中國大陸後，臺美關係不斷處於低潮，近來卡特拋出所謂的「三條件」，讓臺灣關心國事的人議論紛紛，卻少見有人提出具體辦法，《大學雜誌》特別推出專題探討此一問題。

司馬卓介的〈對美匪關係正常化的看法〉，認為必須面對美國最終必然會承認中國大陸的事實，向美國討價還價，要美國一旦與中國大陸建交，與臺灣的〈中美共同防禦條約〉必須繼續有效，雙方也仍然保持官方往來。謝正一的〈為國家長遠利益應採彈性外交政策〉，主張採「德國模式」，要求美國承認兩個政府，將難題丟給美國人。王爾德的〈山姆叔叔的魔術〉，則引述鄧小平的說法，即「德國模式」絕不可以，但「日本模式」可以接受。卡特「三條件」提出美國關閉在臺大使館之後，將另在臺設一商務處，正是「日本模式」，也就是美國的「三條件」，只是在中國大陸的「斷交、廢約、撤軍」加上一層糖衣。文章提醒要拆穿這個魔術，並運用美國民間力量，請美國人注意卡特的動向。

黃敦涵的〈一著錯失，危機立現〉，文中表示曾致函卡特、范錫（國務卿），呼籲美國認清臺海在地緣政治上的關鍵地位，不要輕言背棄臺灣這個盟邦。

目錄

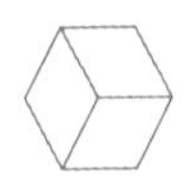

Issue No. 117

大學雜誌 第117期

民國67年9月1日

第117期封面

提要

政黨政治是政治民主化重要的一環，本期有兩篇和政黨政治有關的文章。

陳成晃在〈民主政黨：民主政治的基礎〉中說，民主政治的運行脫離不了政黨政治，而民主的基本精神也是以民意作為施政的依據，但在貫徹這個精神時，「民意」常被扭曲利用，德國納粹黨就是一個例子。作者認為，民主的政黨至少應該符合以下幾點：第一，黨內代表產生的方式要符合民主原則；第二，黨內意見和決策方式要符合民主原則；第三，政治制度與政黨組織的關係應是「公民」責任優先於「黨員」責任。

謝正一在〈強化民青兩黨的政黨功能〉中指出，國民黨之外，民社黨與青年黨是現階段政府承認的合法政黨。縱然民青兩黨積弱已深，仍有發揮功效的機會。謝正一認為，今天尚可見到民青兩黨中央民意代表，再過十年，物換星移，就不如此樂觀了。現今民意代表中的黨外人士，仍是各說各話，因「利」結合，無「利」時又意見紛紛，如能將這些人納入民青兩黨，或許議會的政治功能更能發揮。

目錄

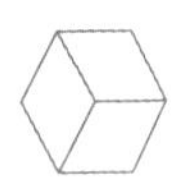

Issue No. 118

大學雜誌 第118期

民國67年9月30月

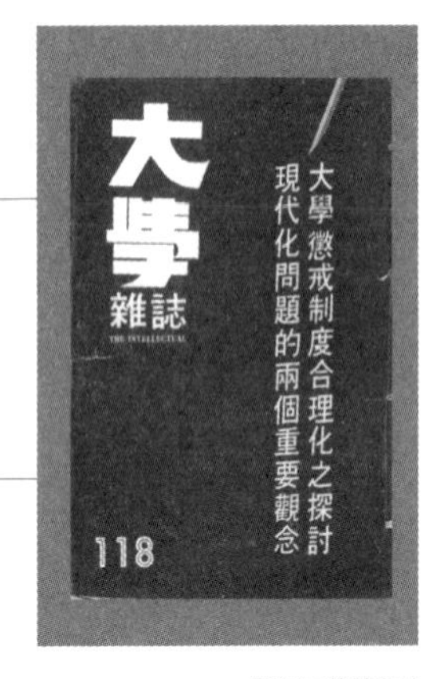

第118期封面

提要

臺美關係是近期各方關注焦點，本期有兩篇文章談及此一話題，一是謝正一的〈把中國球踢給美國人〉。他認為美國歷任總統都有一套「主義」，都想在歷史上占一席之地，而卡特就是想成為和中國建交的美國總統，不過，美國國內反對與中國建交的力量也相當大，臺灣應該善用這股力量，要求維持目前的臺美關係，至於美國要如何與中國大陸打交道，臺灣不管，把這個難題丟給想創造歷史的卡特傷惱筋。

另一篇是魯曉明的〈外交藝術的重要性〉，文中指出，今日外交窘境亟須突破，不必怨天尤人，而應承認過去缺乏外交藝術的創造性，日前孫院長（行政院長孫運璿）向立法院提出的施政報告中的外交政策部分，依然故我，未能一新國人耳目，值得商榷。作者主張，對付美國，不能老用那套作法說法，應適時提出各種彈性變通的外交策略，必可讓各方耳目一新。

目錄

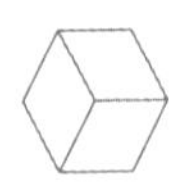

Issue No. 119

大學雜誌 第119期

民國67年11月

第119期封面

提 要

民國67年（1978年）11月出刊的第119期《大學雜誌》，推出革新號，以新的面貌出現。在人力、財力、經驗都不足的情況下，編者廣徵各方智者的意見，作為未來努力的主要方向。《大學雜誌》發行人陳達弘表示，《大學雜誌》一貫的宗旨是，要求知識普遍化，並且積極推動中國的民主化與現代化，所以往後的《大學雜誌》，仍要不斷致力於最前進知識訊息的傳遞，與健全觀念的流佈，歡迎各方優秀有熱忱的知識份子投入。在〈智者的進言〉中提供寶貴意見的有李鴻禧、彭歌、胡佛、林載爵、陳映真、尉天驄、蘇慶黎、賴阿勝、黃章明、鄧維楨、蒙奇。

革新號推出「文學、時代、傳統」專題，由丘為君、陳連順策畫，訪談多位作家和學者，針對文學革命的誕生與發展、三十年代文學、抗戰文藝、日據及光復初期的臺灣文藝、蛻變時期的中國文學和鄉土的震撼，提出簡潔地說明，也提供了對每個主題深入探討的新途徑。在前一年鄉土文學論戰之後，《大學雜誌》製作的這個專題，別具意義。接受訪談的有胡秋原、王健民、侯健、周玉山、鍾肇政、龍瑛宗、尉天驄、彭歌、陳映真、柯慶明、羅門、王拓、王禎和等。

目 錄

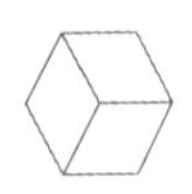

Issue No. 120

大學雜誌 第120期

民國67年12月

第120期封面

提要

12月5日出刊的第120期，正逢第三次增額中央民意代表選舉即將舉行，因此由丘為君、葉匡時策畫製作了「選舉與政治」專題，採訪了與選舉有關的各單位、選民、選舉參與者和專家學者，盡量表達各方的意見。其中內政部長邱創煥的平易近人，讓採訪者覺得印象深刻，也對政府和執政黨的某些觀點和作法，有較深的了解。邱創煥之外，專題中還訪問了青年黨執行委員朱文伯、國民黨籍臺北市議員陳順珍、無黨籍市議員康水木。專題中撰文的學者有鄭心雄、呂亞力、蔡政文、林水波、朱志宏、紀俊臣、楊孝濚等。

林亞卿的〈轉變的臺灣選舉：從去年黨外的選舉看選舉的轉變〉，介紹了黨外候選人的幾個型態，包括名士派如周滄淵、何春木，主流派如邱連輝、張俊宏、林義雄、許信良，基層派如蘇南成、康水木，鬥士派如周平德、曾文波，哀兵派如蘇洪月嬌、黃玉嬌。文中分析了選舉的轉變，包括選舉策略、選舉組織、選舉主題等。作者也指出，藉著選舉，黨外候選人教育了選民，而藉著選舉，黨外力量也成長與聚集。

目錄

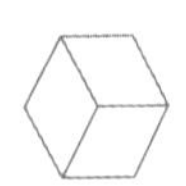

Issue No. 121

大學雜誌 第121期

民國68年1月

第121期封面

民國67年（1978年）12月16日（臺灣時間），美國宣布明年（民國68年、1979年）元月1日，美國與中華民國斷交，並與中華人民共和國建交。正在進行的增額中央民意代表選舉，也告暫停。

卡特政府閃電式的宣布，傷害了臺灣人民的感情，《大學雜誌》對此一發展深覺痛心，1979年元月出刊的第121期，特別推出「中美關係」專輯，分為三個專題，全面討論此一外交變局。

專題一，收集美方幾篇重要講稿和法案，包括卡特備忘錄全文、卡特記者招待會節錄、安克志大使對美僑商會演講詞、安克志對臺北扶輪社演講、中美共同防禦條約全文。

專題二是反映民間對中美關係的評析，包括蒲國慶〈促成美匪建交的一項因素〉、徐平國〈談談國人的外交觀念〉、丘為君〈自由在危機之中：美國精神的破滅〉、王爾德〈積極尋找一項替代方案〉、司馬卓介〈大兵文化在美國〉，另外還有臺大法律研究生〈發出抗議的呼聲〉、臺大青年社〈給中國青年的一封信〉。

專題三則是行政院長孫運璿在（國民黨）三中全會報告全文、蘇墱基輯〈兩百年來中美外交關係〉、本刊輯〈海內外學人對美匪建交的看法〉。

《大學雜誌》總結指出，只有健全而現代化的內政，才能建立不可輕侮的國際地位，才能奠定成功外交的堅實基礎。

本期版權頁增設總經理張俊敏。

目錄

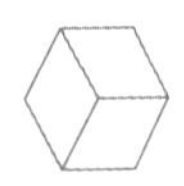

Issue No. 122

大學雜誌 第122期

民國68年2月

第122期封面

臺美斷交的震撼尚未完全過去，本期《大學雜誌》卷首刊出臺大研究生協會〈國是建言書〉，建議擴大全民參與，廣詢在野人士，促進團結，革除報喜不報憂的落伍作風，讓國人對國事與世局有充分了解。儘速恢復中斷的選舉，酌情擴大增額中央民代名額，並呼籲全國民眾各就崗位，團結在「政治革新」的號召下，共同奮鬥！

在「斷交回應」專欄中，收納了謝正一的〈重視中共未來的經濟策略〉、楊孝濚的〈民主政體與社會建設〉、徐復觀的〈四個現代化以外的問題之一〉。

本期還推出「學術與教育專號」，有陳永璣的〈論學術獨立與留學制度〉、張正藩的〈論我國大學教育今後之趨向〉、盧又玄的〈該掀起什麼風來〉、陳仁的〈如何建設臺大〉等。

本期版權頁取消主編一職。

目錄

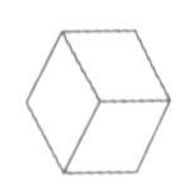

Issue No. 123

大學雜誌 第123期

民國68年3月

第123期封面

斷交的震撼剛過，《大學雜誌》陸續刊出省思文章。謝正一的〈中國大陸臺灣化的積極意義〉指出，今天臺灣面對大陸的統戰，實居於絕對有利的地位，鄧小平的「現代化」，臺灣早就進行了二、三十年，現在應藉大陸與美建交的機會，更積極地向大陸提出「中國大陸臺灣化」的現代化範例，而一旦現代化的步調開始，也就是共產制度崩潰的開始。

許明宏的〈有感於新聞界的〉，檢討了新聞界在此次外交變局扮演的角色。文章指出，自1971年尼克森訪問中國大陸至今，一連串對臺不利的發展，新聞界往往避而不談，或是極力淡化甚至自我安慰一番，「等到事情發生了，才來罵人家以作為自己的下臺階」，退出聯合國罵聯合國，與日本斷交罵日本，與美國斷交罵美國，「以後的幾年我們不知又要罵多少人呢？」，作者認為，報喜不報憂或者實施新聞封鎖的結果，往往是弄巧成拙，何不正面面對呢？

目錄

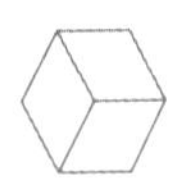

Issue No. 124

大學雜誌 第124期

民國68年4月

第124期封面

提要

本期《大學雜誌》從封面到內頁都出現全新風貌。封面改為彩色印刷，以影星夏玲玲為封面女郎，由黃華成設計，陳文彬攝影，主題是「容忍比自由還更重要」。另外在封面上還有一個由紅藍白三色組成的十字架圖案，旁邊有一行小字：知識人的十字架。

陳達弘在「發行人的話」中表示：逢此國家多難，我們堅信維持民主、自由經濟、開放的社會是我們所遵奉的理想。我們也相信，積極的敦促、建議、提供研究的結果及可行的方案，以為政府施政參考，才是真正知識份子積極參與的態度，消極的對立批判與失望憤懣，將無益於國家社會。

本期內容的質與量，大都著眼在時代參與感和歷史使命感，包括製作「書報危險」專號，介紹柏楊近況，並大膽回顧備受世人矚目的「二二八事件」，以及千秋沉浮的民國38年亂局。

「書報危機」專號裡，不乏敏感議題，如陶百川的〈言論文字叛亂罪的構成要件〉，司馬文武的〈出版法奮鬥史〉，劉心皇的〈禁書四條件〉。

「作家臉譜」介紹的是曾因叛亂罪繫獄的柏楊（本名郭衣洞），他以鄧克保為筆名寫的《異域》和《續集》，轟動一時。陸白在〈鄧克保為什麼要寫《異域續集》：柏楊訪問記〉中，剖析了柏楊這一路走來的心路歷程。

本期《大學雜誌》還刊出日後以筆名CoCo知名的漫畫家黃永楠作品《臺灣開拓史》，以幽默諷刺的筆觸，畫出漢人開拓臺灣的那段血淚史。

本期版權頁增設主編陳中雄。

目 錄

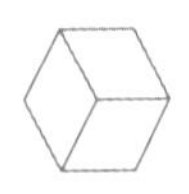

Issue No. 125

大學雜誌 第125期

民國68年6月

第125期封面

提要

本期封面是幾位民初裝扮的女學生，由張照堂攝影，主題是「五四的真相是塗不掉的」，搭配本期「文學革命專號：五四運動60年」。專號收納的文章很紮實，有陳國祥的〈五四運動與馬列運動〉，司馬長風的〈從五四到四五〉，唐文標的〈五四的震盪〉，另外轉載了李敖的〈播種者胡適〉，殷海光的〈共黨為什麼清算胡適思想〉。黃光國、齊益壽、汪榮祖、項退結四位教授，在臺灣大學社團主辦的「五四座談會」上，談五四運動的意義及影響，由60年來的發展看中國的未來，《大學雜誌》刊出這場座談會摘要。

本期「作家臉譜」介紹的是李敖。從《文星》時期起，「李敖」兩個字就成為文壇一顆閃亮的彗星，捲起一陣狂潮，但負面批評也從未斷過，還因叛亂罪下獄。王棠儀的〈文化頑童李敖〉，專訪並描繪了這位爭議性的人物。

目錄

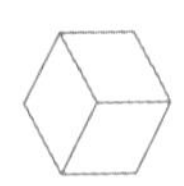

Issue No. 126

大學雜誌 第126期

民國68年8月

第126期封面

本期是7、8月合刊，封面攝影是莊靈。除了政治議題，本期探討的主題有很強烈的社會意識，汪立峽整理的〈中國式墮胎〉，是詹益宏、李鴻禧、尤清、李元貞、施淑端、丹扉等人的座談，討論墮胎問題與墮胎合法化。在保守的年代，臺灣婦女墮胎比率不斷飆升，已成為嚴重的社會問題，不得不急尋解決之道。

廖輝英的〈日本老二指向南臺灣少女〉，痛斥醜陋的日本買春客吃定笑貧不笑娼的臺灣社會，但也無奈地感慨那些利之所在寡廉鮮恥的少數臺灣少女和不肖業者。文章提醒各界重視這個現象，不要讓臺灣淪為日本男人的樂園。

屠明仁的〈臺灣歌廳十大怪現狀〉，分析「歌舞昇平」背後顯現的怪形怪狀，包括歌手不知進修、不重學識，以低俗消遣、黃腔黃調取悅觀眾；觀眾則是一窩蜂迷信知名度，只看熱鬧不看門道。文章質問，難道這就是爆發户文化的產物嗎？

目錄

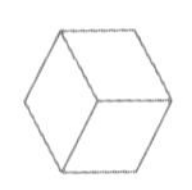

Issue No. 127

大學雜誌 第127期

民國68年9月

第127期封面

提要

國建會歷年來每年僅舉行一次，是政府為了多聽聽海內外朝野人士的意見而召開，今年基於與美斷交後內外情勢的需要，擴大邀請對象和名額，第一次已在7月結束，第二次即將在11月召開。本期社論以「國建會的邀請」為題，分析了國建會的角色和功能，文章指出，國建會只是一場不具形式或條文的國事建言會議，沒有任何政策的約束力，但官員如果敷衍塞責，當官樣文章在作，只會讓國建會淪為政治大拜拜，失去召開的意義。

許承宗的〈救國外交要從教育上著手〉，認為培養外交人才要有正確的教育方法，因為外交人才除了學識素養外，尚需有應變的能力及流利的口才，這都要在平日尤其在求學時代就應加以鍛鍊實習的，但目前的教育制度及風氣，只重灌輸，不重思考，也不鼓勵發問，如果學生平日只知學而不知問，外交場域裡如何發揮流利口才和應變能力？

目錄

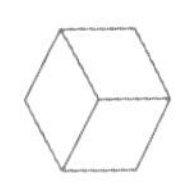

Issue No. 128

大學雜誌 第128期

民國68年10月

第128期封面

《大學雜誌》即將迎來創刊12週年，在這段歲月裡，《大學雜誌》始終伴隨多難的國家度過不少驚濤駭浪而屹立不搖，曾為應興應革之道大聲疾呼，也曾為國家前途提出討論。本刊編者特地整理〈路遙知馬力：《大學雜誌》的過去、現在與未來〉，藉回顧而前瞻未來努力的方向。

文章話說從頭，憶及12年前一群朋友坐在沙發上閒聊，發現時下的刊物都不理想，大家激發了創辦一本理想刊物的興趣，於是《大學雜誌》就在民國57年（1968年）元月創刊了。12年來，這群朋友時時自我鞭策，在多難的時代裡扮演知識份子的角色，善盡言責。撫今追昔，這群朋友確已盡了全力，實現了他們的夢想。

文章還解釋了外界的種種疑問，包括《大學雜誌》中英文命名的緣由，《大學雜誌》是不是為黨外人士所創辦的？《大學雜誌》是自由主義的最後堡壘？第119期「革新」後的作風有何不同？最近幾期封面大幅改變有何意義？對目前幾種言論性刊物的價值及展望如何？《大學雜誌》未來要強調什麼特點或觀念？文章都有交代，並誓言將繼續為國家、社會、青年而努力。

目錄

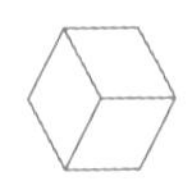

Issue No. 129

大學雜誌 第129期

民國68年11月

第129期封面

黨外人士近年逐漸躍登政治舞臺，且每每出現驚人言論，有人認為這是民主政治象徵，是擋不住的趨勢，但也有些較為保守的人士認為，國家處境特殊，在國際間屢遭挫折，大家更要維護既有的政治態勢，在安定中求發展，以免危及國家安全。

《大學雜誌》特別由陳舜華專訪各種立場的人士，談談他們「對黨外人士政治活動的看法」。接受專訪的有議會元老李福春、律師葉潛昭、黨外立委黃信介、新莊鎮長鄭余鎮、政壇元老朱文伯、臺大教授周道濟、中興大學教授董翔飛、政大講師勞政武等。

黃信介指出，黨外人士絕對沒有意思要為難政府，只希望求得一個理想的民主與合理的自由，以此作為政治目標。對他創辦的《美麗島》雜誌，黃信介說，其宗旨是以反共、愛國、自由、民主為大原則。在政府和黨外的溝通方面，他覺得政府推動太慢，和諧團結要有原則，一是要誠意談判，一是要相待以禮。政府應該多重視百姓，主權真正交給人民。

目錄

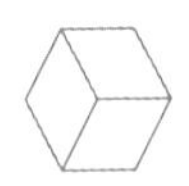

Issue No. 130

大學雜誌 第130期

民國68年12月

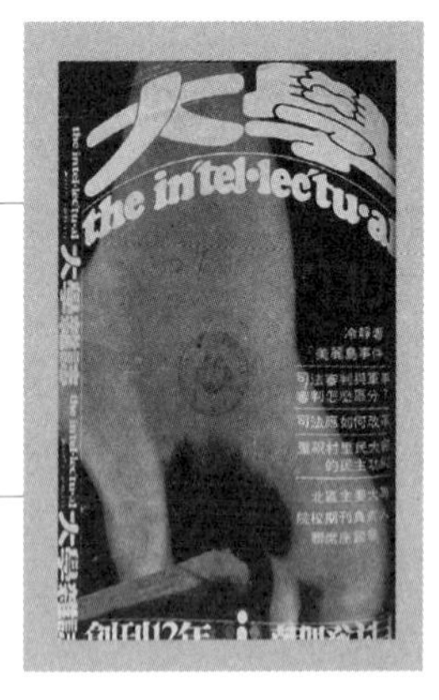

第130期封面

民國68年（1979年）12月10日的高雄美麗島事件，震撼了全國，在臺灣民主發展史上影響深遠，事件中的幾位主要人物，日後都在政壇扮演重要角色。

本期《大學雜誌》社論〈冷靜看美麗島事件〉，對美麗島的幾項行徑完全無法苟同，包括預先準備火把，未經許可強行集會繼而遊行，進而鬧出全武行，部分施暴者甚至喊出「打死外省人」、「臺灣人不打本省人」等挑撥省籍衝突論調，領導幹部事後將責任推給群眾，這絕非從事群眾運動者應有的態度，甚至可說叛離了群眾。

不過，社論也提出美麗島事件的幾點正面意義，包括多數民眾經過事件歷練後，思想更加成熟，有利臺灣民主發展；部分黨外人士勢必深切自省，以修正近年來的激烈路線。以上幾點，加上政府30年來的既有成就早已獲肯定，應使執政當局更有信心加強革新、貫徹民主。社論也呼籲，不可因這次事件而誤解所有熱心的黨外人士，以及要求革新與民主的主張，知識份子應責無旁貸繼續向當局直言諍諫，期使臺灣的民主發展更活躍、更健全。

本期還辦了「北區主要大專院校期刊負責人聯席座談會」，由發行人陳達弘召集，出席的有臺大青年、師大青年、科技青年、東吳青年、輔大新聞等校內刊物負責人，齊聚一堂，溝通一番，盼能引起教育界的注意。陳達弘在結語中說，學生刊物是學校與學生的橋梁，「各位將來都要進入社會，不妨將眼光放遠點，把學生刊物的內容提昇，關注層面放廣。」他表示，《大學雜誌》願負起學府與社會的橋梁，期以正確而理性的知識，引導社會走向。

目錄

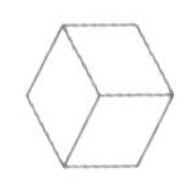

Issue No. 131

大學雜誌 第131期

民國69年1月

第131期封面

自1978年11月中旬開始，至1979年12月上旬為止，出現在北京西單牆上的大字報浪潮，吸引了全球關心中國人士的注意。本期張榮恭〈北京之春的始末〉，回顧這場中國30年來規模最大、持續最久的民主運動。這場運動不同於大陸人民常用的「打著紅旗反紅旗」模式，而是向統治階段展開直接猛烈的挑戰。1979年12月8日起，當局封閉了西單民主牆，這場被稱為「北京之春」的民主運動戛然而止。張榮恭對此作一回顧，極具意義。魏京生、任畹町等人的被捕，重挫了這一波中國的民主運動，但長遠來看，中國的民主呼聲不可能永遠壓抑，臺灣的民主發展歷程足為借鏡。

魏萼的〈從中共經濟政策之變看中國的統一〉，則從另一個角度觀察中國的變局。魏萼分析，近30年來，中國週期性經濟政策的演變是與其權力鬥爭相結合的，而在毛澤東死後的中共政權，明顯走上「走資派」、「修正主義」經濟政策，使得過去「紅」與「專」之間權力鬥爭的方式，成為歷史痕跡，代之而起的是統籌經濟公有財產制度與自由經濟私有財產制度間的權力鬥爭。

本期起，原《大學雜誌》總經理張俊敏改任名譽社長。

目錄

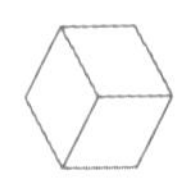

Issue No. 132

大學雜誌 第132期

民國69年2月

第132期封面

提要

本期推出「哲學、宗教、政治」專號，由《大學雜誌》發行人陳達弘召集座談會，陳達弘在引言中說，過去的一年，國際上有伊朗柯梅尼領導的回教革命事件，導致政權更替；在國內，高雄美麗島事件也牽涉到代表弘揚上帝仁愛、寬恕、真理、天道的傳道人及神學院學生，「由此我們深深感到哲學、宗教、政治三者之間的相關性問題，必須認真而深切地去關懷與探討，因為一個觀念的正確與否，關係著我們每個人的信念與方向。」座談會由政大哲學系主任趙雅博主持，出席發言的有張忠棟、成中英、楊孝濚、呂亞力、賴金男、張曼濤、蕭長青、姚大中、劉真光等。

1980年2月28日，美麗島事件被告林義雄家發生血案，震驚臺灣社會，犯案動機和兇手引發不少猜測。劉子政的〈兩種背景下的政治謀殺〉，以自認比較冷靜和客觀的立場推論，只有兩種背景的人或組織會做這種事，一是共產黨的組織及其外圍或同路人，一是主張暴力的臺獨組織及其同路人。作者期望治安單位早日破案，把這個「禽獸」及其同路人或組織揭發出來。文章也呼籲，國人不應因這件事而加深一層陰影，也不希望部分政治活動家加深了他們所謂的「仇恨」。

目錄

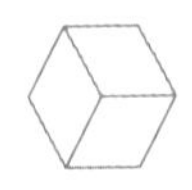

Issue No. 133

大學雜誌 第133期

民國69年3月

第133期封面

提要

美麗島事件軍事審判在青年節前夕言辭辯論終結，留下的是一層層令人無法抑止的激動和起伏不已的沉思。3月出刊的《大學雜誌》社論「青年、法治、國運」指出，今年的青年節不同於往昔，不再聽到過去喊慣的口號，不再感覺以往虛假的氣氛，而是年輕充滿活力的檢審人員和辯護律師，在莊嚴肅穆的法庭所作的理性激辯、智慧角逐與法治呼籲。社論說，這一代青年的智慧與思想，是使國家走向民主法治的現代化新中國的主要動力。這一代青年的勇氣與努力，才是扭轉國運、改變歷史、創造新時代、開闢新社會的主要憑藉。

目錄

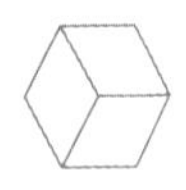

Issue No. 134

大學雜誌 第134期

民國69年4月

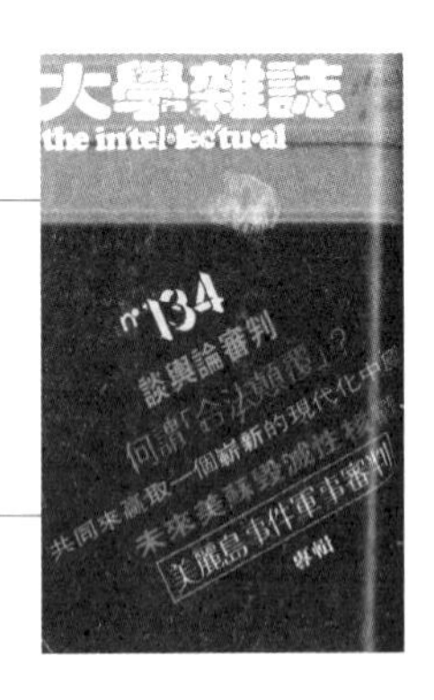

第134期封面

提要

本期《大學雜誌》以超過一半的篇幅，推出「美麗島事件軍事審判專輯」，收集此一世紀審判的重要法律書狀，以留下歷史紀錄，包括軍事審判起訴書全文，軍事檢察官論告全文，黃信介、施明德、姚嘉文、林義雄、呂秀蓮、陳菊、林弘宣、張俊宏等被告答辯或其律師的辯護，以及軍事審判判決書全文。辯護律師陣容有陳水扁、鄭勝助、謝長廷、蘇貞昌、江鵬堅、呂傳勝、張俊雄、尤清等。

陳農在〈談輿論審判〉中，提醒新聞媒體注意出版法的相關規定，對尚在偵察或審判中之訴訟事件，或承辦該案件之司法人員，或與該事件有關之訴訟關係人，不得評論，以免影響訴訟當事人合法利益及法院公正審判，也就是不可在判決前即先行認定有罪與否或責任歸屬。但相關事實的報導，以及公開事件之辯論內容的報導，都是合法的。至於起訴書、辯護狀、判決書，也都可以公開刊登。文章指出，美麗島事件軍法大審眾所矚目，有關書狀也將成為歷史性文獻，收編成輯，極具意義。

目錄

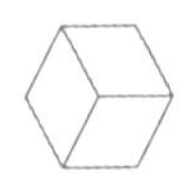

Issue No. 135

大學雜誌 第135期

民國69年5月

第135期封面

提要

5月出刊的本期《大學雜誌》，刊出五四運動系列文章，看得出《大學雜誌》對此一運動持久不衰的關注。

周玉山「五四與中共」，探討的是中共是怎樣描述五四的？周玉山指出，由於中國共產黨在五四以後才成立，不便說該黨領導了五四，只有強調五四運動的領導骨幹是「共產主義知識份子」，如李大釗、毛澤東、周恩來、魯迅。但證諸史實，五四運動純是自動自發的愛國壯舉，現場並無任何政治勢力前導。總指揮是日後遭中共痛詆的傅斯年，五四宣言草擬者是反共健將羅家倫，眾多學生被捕時，主持北大學生會議的是日後國民黨要角段錫朋。文章說，中共史家即使費盡心機，也難在五四事件數千示威者中，覓得幾位「共產主義知識份子」。事實上，中共對五四是又愛又懼，愛它的歷史芬芳，所以年年不忘紀念；懼的是它鼓舞青年反抗獨裁統治，威脅中共政權。

張榮恭的〈中共擴大紀念五四的探討〉，分析稱北京當權者試圖藉青年對五四運動的景仰，以中共定義的五四精神，將青年籠制於其所設限的思想框框中。但張榮恭也指出，大陸青年已不再接受統治階級的教條灌輸，民主思潮的澎湃發展，不可能長期被壓制。

目錄

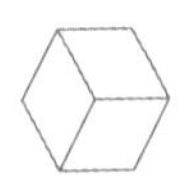

Issue No. 136

大學雜誌 第136期

民國69年6月

第136期封面

《大學雜誌》創刊12年，雖然一路往前走，但也面臨很多問題，本期特別推出《大學雜誌》的方向與使命，邀請學者專家和朋友，一齊談談《大學雜誌》的方向和目標，一方面希望能藉此做一些溝通，一方面也希望能確定《大學雜誌》未來的方向。

參與這項討論的學者專家中，楊孝濚建議，培養社會中堅領袖，建立大傳雙向傳播。徐恩奎指出，要加強社會、思想、政治理念的探討。蕭雄淋提出，可以辦座談會、編輯成書，利用盈餘支持雜誌。張榮恭表示，結合知識份子，內容反映時局功能。李利國提醒，建立雜誌形象，言人不能言。陳農説，《大學雜誌》應建立自己的風格，堅持專業化經營，必須測出民意。

高雄美麗島事件宣判，李建中的〈對高雄暴力事件宣判的觀感〉，以國際標準衡量臺灣軍事審判法，並剖析此高雄事件軍事審判是否符合「公開、公正、合法審判典型」。

另外，在高雄事件審判中，被告認為長期戒嚴妨礙人民自由，應予廢除。林建興的〈戒嚴令存廢問題之剖析〉，解釋了戒嚴法與戒嚴令的不同，以及現階段實施戒嚴的利弊得失與民意趨向。

目錄

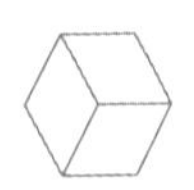

Issue No. 137

大學雜誌 第137期

民國69年7月

第137期封面

提要

本期社論談的是〈非常時期人民團體組織法亟應修正〉，社論指出，人民團體的弊陋缺失由來已久，大多數團體有名無實，社論建議，要健全人民團體，莫如全面修正非常時期人民團體組織法，在法律中加重主管機關的監督責任，使公益團體走上軌道，發揮其「文化建設」、「國民外交」等應有功能。

本期內容還關切日本軍國主義問題，李明水在〈日本軍國主義思想復現？〉中，提醒注意日本最新推動的太平洋共同體發展。文中說，日本首相大平正芳就任後發表所謂「環太平洋連帶構想」外交政策，語驚四座，讓人聯想起日本的「大東亞共榮圈」以及它的軍國主義思想。李明水分析了此一構想背後的意義，並提醒注意軍國主義復現的可能發展。

相對於日本軍國主義復起隱憂，中國大陸軍力發展也是臺灣關切的，陳永璣的〈閒話中共海軍與我們自強之道〉指出，中國大陸雖還處在發展海軍初階，但其力量仍不可忽視，臺灣建艦自衛，應為當務之急。

目 錄

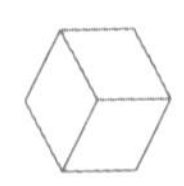

Issue No. 138

大學雜誌 第138期

民國69年8月

第138期封面

淡水紅毛城在民國69年（1980年）6月30日重回臺灣懷抱。本期特別推出淡水紅毛城特寫，其中陳素香寫了一篇〈陽光照耀我們的土地〉，回顧了紅毛城的歷史。紅毛城從西班牙建成後，數易其手，英國撤館後移交澳大利亞，中澳斷交後澳委託美國代管，去年中美斷交後，暫由美國在臺協會管理，最後才交還臺灣，351年的流浪故事終告結束。陳素香還以感性筆觸，描繪了一群朋友在6月底一個豔陽天，第一次將青天白日滿地紅旗升上紅毛城樓頭，見證了紅毛城新的一頁歷史。

林鈴堝在〈開放紅毛城的幾點建議〉，指出紅毛城亟須儘速修繕，早日開放有限度參觀，另在史料收藏方面，淡水在臺灣開發史上執牛耳地位，紅毛城陳列的史料，必須具有史料的普遍性與完整性，如此也才能擔當起「臺灣開發史」的歷史重任。

特寫專輯中還附了「攝影紅毛城」別冊，由郭東茂攝影，林鈴堝撰文，收集了多幅彩色、黑白照片，有歷史圖片，也有紅毛城現今的面貌。

目錄

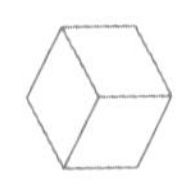

Issue No. 139

大學雜誌 第139期

民國69年9月

第139期封面

提要

本期封面列出的「本期要目」中，高茂雄的〈給新鮮人的一封信〉，談到大學生成為社會一個特殊階級，也談到大學的理念與功能，及面臨的功利主義、文憑主義問題。高茂雄結語中說，大學是一座花園，百花齊放，任君採摘，不要只是走馬看花，到此一遊。不要問大學可以給你什麼，而要問你能在大學裡取得什麼。

這篇文章是「新鮮人專欄」的一部分，其他文章還有凌行的〈更上一層樓：並與新鮮人共勉〉，韓浪的〈江山代有才人出：新鮮人祝福你〉，王邦雄的〈當前教育的危機：從學生械鬥談教育問題〉。

張榮恭的〈中共大審的剖析〉，談的是傳聞甚久的「四人幫」之審判。張榮恭指出，除「四人幫」江青、張春橋、姚文元、王洪文，受審的還包括「林彪集團」的陳伯達、黃永勝、吳法憲、李作鵬、邱會作、江騰蛟。這兩個集團「罪狀」總的來說，就是「竄黨奪權，禍國殃民」。張榮恭預測，審判過程必是草草了結，以防許多高度機密及重大醜聞外洩。而林、江集團罪惡罄竹難書，但中國大陸多年來的弊病根源在於制度，鄧小平欲從審判取得政治利益相當有限，倒是北京高層權力鬥爭將再度清楚浮現。

目錄

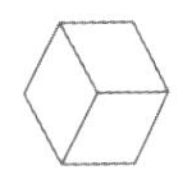

Issue No. 140

大學雜誌 第140期

民國69年11月

第140期封面

提要

為因應國內外情勢變化，《大學雜誌》也必須做些調整。本期〈編輯室報告〉中指出，未來，除了傳統知性的、法政的文章外，也兼顧社會的、時事性的文章，此外更開闢專欄、海外鴻爪、精闢短評，擴大讀者、作者的參與層面，共同關心社會與國家。

曾洋振的〈穩定房地產價格之我見〉，即是社會關注的話題，文章談到房地產價格愈升愈高涉及的種種問題。文章說，因經濟繁榮、人口增加、土地有限，使房地產價格居高不下，作者建議，應馬上開發新副都市，建設捷運系統，疏散人口，以減低地價。不必要的保護區重新檢討，准予開發，增加建築用地。修廢不合時宜的法規，減輕建築成本。

曾文龍的〈暴利哪裡去了：談房地產價格暴漲的因素〉，文章說，近來臺北房地產價格不但上漲，且是暴漲，但在自由競爭的社會，房地產價格暴漲絕對不是一件正常現象，政府要管制的應是「暴利」的真正成因，以及造成「暴利」的條件與環境。

目錄

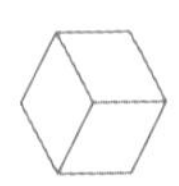

Issue No. 141

大學雜誌 第141期

民國69年12月

第141期封面

提要

本期「編輯室報告」表示，在大眾傳播媒體發達的今天，辦一本有影響力、有益讀者的雜誌，已不再是一味遵循傳統，躲在象牙塔裡或拾人牙慧為已足，必須走入社會，關心社會才行。為了達成關心國家社會的目標，本期便約請了許多時事性很濃的文章。

其中，「放眼大陸」專欄中，許承宗的〈對中共五屆人大三次會議及四個現代化效果的總結〉，評析剛閉幕的人大三次會議，指鄧派人物在幾經努力後，在會議中取得了局部勝利。但華國鋒雖從總理的位子掉下來，但還保留中央軍委主席一職，鄧派尚未取得壓倒性勝利，而鄧小平推動的「四個現代化」也是宣傳大於實效。

另外，張榮恭的〈大陸人才外流的觀察〉，提到大陸官方媒體近日探討知識份子大批移居海外問題，顯示北京當局對此問題的不安。文章說，大陸知識份子30年來處境艱難，一有機會出國即不願回國，當局最近開始限制部分知識份子出國，顯示現階段知識份子政策失敗。

目錄

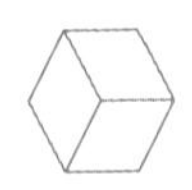

Issue No. 142

大學雜誌 第142期

民國70年1月

第142期封面

提 要

民國70年（1981年）元月，《大學雜誌》迎來創刊13年，第142期社論〈參與和關懷：七十年代的期許〉指出，13年來《大學雜誌》一直扮演「知識份子代言人」的角色，毅然地肩負起一部分的時代使命，也曾經使得知識份子在多元參與的層面上發揮了關懷熱愛國家、社會的衷誠。「特別在60年代初期，我們更蔚起了一股參與和關懷的熱潮，也造就了許多社會的中堅領袖。」不過，社論也點出，中堅領袖的後繼乏人，以及知識份子參與熱誠的消滅，已形成一股隱憂。社論呼籲知識份子重新鼓起冷卻多年的熱忱，共同參與，共同關懷，共同建設整個中國的未來。

除了社論向知識份子提出呼籲，本期《大學雜誌》還刊出數篇相關文章，包括杜昆翰的〈中國現代知識份子〉，楊如斯的〈知識份子何去何從〉，探討這一代知識份子的特質和面臨的種種困境。

目錄

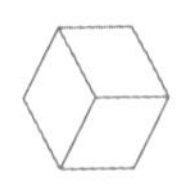

Issue No. 143

大學雜誌 第143期

民國70年2月

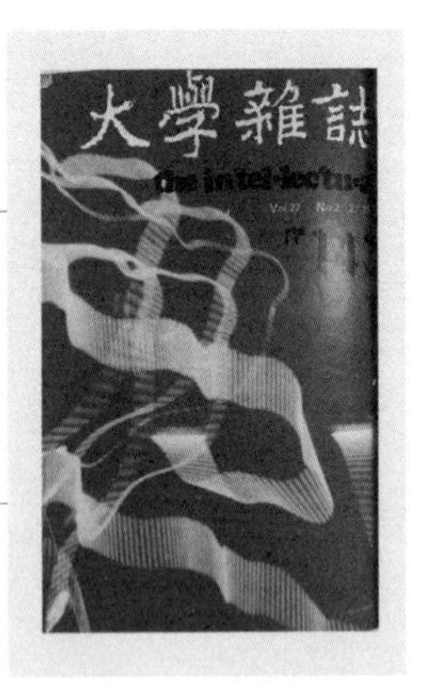

第143期封面

陳惠玲發表〈敲在80年代的木鐸〉，期許誕生超過13年的《大學雜誌》擔起三個責任，責任之一，是教化青年。文章說，期望《大學雜誌》今後能積極引導年輕人重視心智的成長，使之得以充分發展，並且提供年輕人發表意見的機會，鼓勵他們多思考，多發言。責任之二，是促建一個開放性的社會。文章說，期望《大學雜誌》負起培育大眾事務的熱忱和能力，教化成一群具有民主修養的人民，也期望雜誌運用言論批評的力量，促使政治不斷朝民主的方向邁進。責任之三，是磨利智慧的劍，傳續感情的火把。13年不算是短日子，而《大學雜誌》孤獨地走過來了。只要《大學雜誌》淑世的熱忱不移，相信在80年代，還能敲出振聾發聵的巨響。

本期雜誌即將關注焦點放在培養年輕知識份子的大學教育上，包括呂應鐘的〈改革大學政治系課程〉，陳永璣的〈閒話國立大學學制〉，張明哲的〈大學如何協同推進科技發展與工業升級〉。

目錄

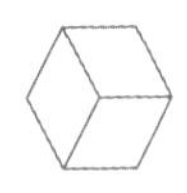

Issue No. 144

大學雜誌 第144期

民國70年3月

第144期封面

提要

《大學雜誌》內容一向為各方所推崇，但在發行方面一直未能建立良好系統，零售市場也難以掌握，因此宣布從下期起暫停零售，發行完全採長期訂閱方式。

本期《大學雜誌》還宣告要「重振校園文化」。編者說，現代知識份子的新形象亟待建立，而這項工作必須從培育知識份子的搖籃《大學雜誌》整頓起，才是根本之道。年輕知識份子的力量不能在校園裡酣睡。《大學雜誌》義不容辭地以「社會大學」自許，願負起振興校園文化的任務，讓現代知識份子的精神再一次在校園裡滋長。

陳永璣在本期發表〈軍火科技自立自足是當務之急〉，指出國家是一個複雜無比的有機體，沒有任何單一元素足以擔起救國重任。他認為，政府發展國家科技，不能

目 錄

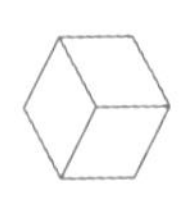

Issue No. 145

大學雜誌 第145期

民國70年4月

第145期封面

民國70年（1981年）3月29日，國民黨第12次全國代表大會揭幕，由於國民黨在現階段的重要地位，使得這次會議備受重視。本期《大學雜誌》即推出中國國民黨12全會特輯，搜集了本次全會的重要文件以及歷次全會的紀事，一方面留為歷史的見證，另方面也使全民認識到當前國家的方向。

本期搜集的文件有〈艱苦卓絕，繼往開來：中國國民黨蔣主席在12全大會開會典禮致辭全文〉，〈精誠團結，奮發圖強：蔣主席在國民黨12全大會閉會典禮致辭全文〉，〈中國國民黨12全大會宣言〉，〈中國國民黨歷次全國代表大會重要紀事〉，〈中國國民黨重要改組紀事〉。

另外，還轉載了李璜的〈政治反攻應加強海外工作〉，提到他對此次執政黨12全大會的期望。轉載李鍾桂的〈12全大會的成就與特色〉，指大會通過了6項中心議題，改組了黨內人事，也策訂了未來革新團結的方向。

目錄

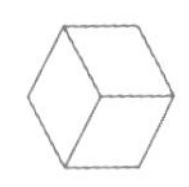

Issue No. 146

大學雜誌 第146期

民國70年5月

第146期封面

提要

本期社論〈激發國民黨的潛力與鋭氣〉，討論「黨外人士」的勢力與地位。社論説，「黨外人士」所以擁有一部分不可忽視的勢力及同情者，執政黨本身也有值得檢討反省之處，事實上，有部分「黨外人士」過去均曾為執政黨的中堅幹部，而許多改革如司法的改隸、選罷法的立法、違警罰法的修改等，來自黨外言論的力促，功不可沒。社論呼籲，執政黨對黨員改革的要求，應予適當重視，並應以更大的包容力容許改革者在黨內自由發揮。

《大學雜誌》發行人陳達弘在本期發表〈文化建設的另一張藍圖〉，陳達弘說，30年來，臺灣擔負前所未有的歷史重任，就是要延續中華民族的一線命脈，政府和民間的努力有目共睹，但其中有一項很大的缺憾，即文化上的建設仍嫌不夠。例如，世界上所謂的「漢學中心」，不在臺灣，更不在大陸，而是在美日，這豈非臺灣在文化上的疏忽？文章指出，文化建設必須朝野共同努力，才能有豐碩的成果。陳達弘建議，在建立國家文化形象方面，應建設臺灣成為世界華文中心、全面修訂與制定文化法律、建立文化專職機構、加強輔導社區活動中心、儲訓專業人才。

目錄

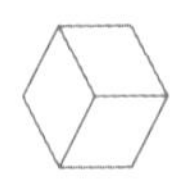

Issue No. 147

大學雜誌 第147期

民國70年6月

第147期封面

提要

在臺灣30年來的勵精圖治中，哲學界的聲音一直是沉寂的。中國哲學會和耕莘文教院合辦的「七十年代哲學季」，由幾位哲學教授發表系列演講，力圖扭轉這種「哲學消沉」的局面。《大學雜誌》深感此一活動的重要，由陳惠玲記錄整理成〈從哲學看中國出路：記七十年中國哲學季〉，包括臺大哲學系主任鄔昆如的〈五倫或是六倫〉，輔大哲學系主任張振東的〈由人生哲學看中國的出路〉，政大哲學系主任項退結的〈從五四哲學看中國出路〉，東海哲學系主任馮滬祥的〈從思想文化看民族出路〉，以及羅光的〈由價值觀看中國的未來〉。

本期還有幾篇談教育問題的文章。龍丘騰的〈大專畢業生的出路：擇業問題比失業問題更多〉，指出大專畢業生在面臨找職業之前，至少需對就業市場的供需和求才條件有所了解，根據自己的志趣及就讀科系的狀況，對個人出路早做打算。作者建議，大專畢業生若能力相當，最好從事與公眾事務有關的工作。

陳惠玲的〈與大學生談大學學風〉，透過訪問辦過刊物的臺大學生，由當局者的觀點來談大學裡的諸多問題，如訓導人員與學生的關係，臺大的自由學風，大學生的獨立思考能力，學生助選問題等。

目錄

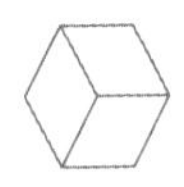

Issue No. 148

大學雜誌 第148期

民國70年7月

第148期封面

自國建會後，文化建設的呼聲越來越高，本期〈出版業是知識工業的基石：出版人談出版問題座談紀錄〉，幾位出版界領袖對出版問題有廣泛深入的探討，許多見解切中時弊。《大學雜誌》發行人陳達弘提出他觀察到的幾個嚴重現象，包括搶譯風氣（如遠景、九五、名家搶譯諾貝爾全集）、翻印猖獗、行銷問題等。他也拋出幾點感觸，提供與會人士討論時參考，如出版業應歸入哪一職業類別？應否設立事權統一的出版業主管機構？是否考慮由同業和學者專家組織出版學會，結合理論與實務？如何引進企業界、金融界資金，解決資金融通困境？如何建立健全的行銷管道，打開市場？出席人士發言熱烈，對出版界面臨的種種問題互相交換意見。

《諾貝爾文學獎全集》爆發爭戰，導致九五文化公司的速起速落，為出版界帶來震撼。陳中雄的〈諾貝爾餘波盪漾〉和陳錫福的〈不買盜印書〉，指出當前出版界最大弊病，尤其「諾貝爾」事件更是一項慘痛教訓，可為出版界殷鑒。

留美學人陳文成在有關單位「約談」後，離奇死亡，在海內外引起極大震撼，也暴露了偵查制度不完善的嚴重問題。尤英夫的〈從陳文成博士之死談偵查中選任辯護人制度〉，就從陳文成事件的慘痛教訓出發，探討此一制度。尤英夫認為，不論陳文成是否因參與政治活動而畏懼自殺，倘「約談」時有選任辯護人在場，陳文成或不致意外身死，縱或不幸死亡，亦不致疑問重重，治安單位也不必辛苦解釋了。

目錄

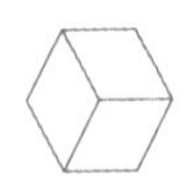

Issue No. 149

大學雜誌 第149期

民國70年8月

第149期封面

近年來中國大陸民主運動暗潮洶湧，代表了海峽對岸中國青年的醒悟，更是中國知識份子擇善固執、不畏權勢的精神表現。張榮恭的〈胡鄧集團拒阻不了民主運動〉，針對大陸近期情勢有深入報導分析。張榮恭說，4月以來，王希哲、何求、徐文立等與民辦刊物有關的人士陸續被捕，鄧小平、胡耀邦意圖鎮壓民主運動，營造團結假象，但文章指出，政治動盪、經濟失敗、幹部腐化、長期專制，導致民主運動持續不絕，無論鄧、胡集團如何以高壓手段箝制群眾的聲音，都不能扼阻民主運動的發展。《大學雜誌》在編者的話中特別表示，「本刊謹以此文表達對大陸民主運動的敬意」。

基層文化建設正在臺灣各地如火如荼展開，簡宗梧的〈如何加強文化建設〉，詳盡闡述了地方文化建設發展的計畫，以及中國文化未來發展的方向。這是一次專題座談會的演講紀錄，析論深入淺出，很有見地。

陳達弘的〈鼎的價值與尊嚴〉，原載《時報雜誌》，就其多年從事出版事業的經驗，提出金鼎獎改進之道，內容詳實，頗多創見。

目錄

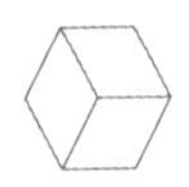

Issue No. 150

大學雜誌 第150期

民國70年9月

第150期封面

提要

臺灣光復以來，大學院校在質量方面都有顯著的提高，但隨著社會快速變遷，大學教育不但不能負起帶動社會進步的責任，甚至無法配合社會發展，部分大學畢業生找不到適當工作，社會需要的某些人才又非常欠缺。《大學雜誌》針對這個問題，邀請七位學者座談，檢討問題的起因，研究改進的策略，特別著重理想與實際的配合，提供具體可行的方法，期使大學更能發揮教育功能。這項「如何使大學教育更富彈性」座談會，由《大學雜誌》發行人陳達弘召集，政大教育系主任黃炳煌主持，出席的學者有張春興、梁尚勇、楊維楨、朱立民、林玉體、郭有遹。

省議員、縣市長選舉逐漸進入白熱化階段，候選人的競選傳播活動中，形象塑造受到高度重視。許哲誠的〈英雄形象與犯罪形象：由競選活動看民主形象的塑造〉，分析候選人形象塑造的策略，文章提醒，哀兵姿態或激情表現，都是一種訴求方式，但有人一再強調其為民主運動奮鬥，甚至提出其犯罪判刑的經歷紀錄，意圖造成一種英雄形象，爭取選票。作者認為，這種訴求的利弊得失值得探討，選民也應提高「參與品質」，正確認識候選人，不要被形象塑造的假象迷惑。

目錄

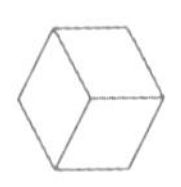

Issue No. 151

大學雜誌 第151期

民國70年10月

第151期封面

陳文成命案發生後，兩位美國學者專家狄格魯與魏契應被害人家屬邀請來臺查究死因。美聯社記者周清月採訪時引述陳文成父親陳庭茂的說法，稱魏契對陳文成遺體「驗屍」，引發新聞局長宋楚瑜不滿，認為事涉國家主權尊嚴，堅持要求美聯社更正，美聯社另發了一篇稿，引述魏契本人的說法，稱只有「審視屍體」，沒有「驗屍」。新聞局認為這不算正式更正，取消了周清月在臺採訪的登記證。《大學雜誌》特別以「國家主權與新聞自由」為題，摘取立法委員康寧祥和宋楚瑜在立法院的詢答內容，兩人質詢和答覆都非常精采。加入「論戰」的委員還有張德銘、黃天福、林可璣、劉子鵬、徐漢豪、李公權。

海峽兩岸中國人經過30多年的隔離，目前各自呈現的面貌如何？從雙方的文藝創作，可以看出梗概。楊力宇的〈海峽兩岸之中國文學〉，比較了1979至1980年兩岸文學，稱兩岸作者雖無直接交流，但多數均以嚴肅的態度，真實地描寫困苦的中國人民之生活。文章說，大陸揚棄了共產樣版文學，經過「傷痕文學」之過渡階段，重新走上了寫實主義的道路。臺灣作家也拋棄了反共八股，創造了許多「鄉土文學」的傑作。

目錄

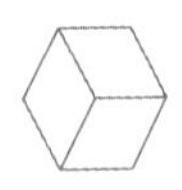

Issue No. 152

大學雜誌 第152期

民國70年11月

第152期封面

提要

民國70年（1981年）11月，臺灣省第九屆縣市長、第七屆省議員、以及臺北市第四屆市議員、高雄市第一屆市議員選舉，順利結束。這次選舉競爭激烈，政見發表會場人山人海，有些選區兩強相爭，不到最後開票，不知鹿死誰手。當月出刊的《大學雜誌》封面專題是「臺灣能更好」，約請了幾位學者，分別從各個角度檢討這次選舉，並展望未來的民主前途。包括薄慶玖的〈四項地方公職人員選舉的回顧與期望〉，李鴻禧的〈從選票結構談這次選舉〉，瞿海源的〈民意與選舉〉，曾祥鐸的〈談古今的選舉〉。

另外，《大學雜誌》編輯吳春靖、鍾祖豪專訪黃越欽談〈選罷法及民主政治的展望〉，郎裕憲談〈選舉如何能辦得更好〉，鍾祖豪專訪沈雲龍談〈這次地方大選〉。

《大學雜誌》並邀請幾位新生代人士在紫藤盧舉行座談會，主題是「從本次地方選舉看我國民主政治的發展」。他們有些實際參與了輔選工作，有些則從新聞界的角度觀察，會中檢討了黨內黨外在這次選舉過程中運作的情形，以及這次選舉對整個政治環境產生的影響，進而展望未來我國民主政治發展的方向。他們的見解，或可代表這一代關心國事青年的心聲。出席座談的有耿榮水、朱新民、洪茂雄、黃輝珍，由陳儀深主持，鍾祖豪發表引言、結語並參與討論《大學雜誌》另兩位編輯陳惠玲、吳春靖列席，陳惠玲、鍾祖豪記錄整理，編輯姚炳煊攝影。

目錄

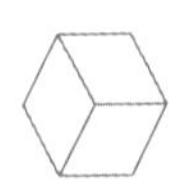

Issue No. 153

大學雜誌 第153期

民國70年12月

第153期封面

臺灣是舉世公認的經濟發展奇蹟，社會財富逐年增加，但這些財富如何分配？都市和農村的家庭在收入和支出上的比例如何？張怡的〈臺灣的城鄉經濟差距〉從行業結構、消費型態和所得，作為探討分析的對象，文中附有詳細數字和表格。作者指出，有關臺灣經濟發展的文章、論著非常多，並且多為探討臺灣求「富」的過程與成就，這篇文章則從「均」的角度，來看臺灣城鄉之間在經濟上的差距。

大陸最近對文藝界展開一連串收束的行動，使得曙光乍現的文藝界人士心頭又蒙上陰影，也由此看出「四個現代化」已面臨嚴重阻礙。張榮恭的〈評析中共當前文藝整風〉，對此有深入分析。

學術界、商界與政界之間，有著微妙互動的關係，本期有兩篇文章涉及此一領域。其中，楊燦雄譯〈學術界與商界相互支援的途徑〉，文章稱，在美國，企業界與大學二者加起來所產生的力量，是促使美國社會進步的原動力，但欲使此聯合力量能解決各種問題，只有靠相互的了解與合作。

方鵬程在〈學術與政治二分的商榷〉指出，由於受到「學而優則仕」這句話的干擾，以及「官學兩棲」的誤用，使多數知識份子隱隱覺得學術與政治必須截然二分，無法一心兩用。作者則認為，只有知識份子才能推動政治革新，政治借重學術，是相需為用，相輔相成，不是兼職。官學兩棲是一身數用，才是兼職，不是常態。

目錄

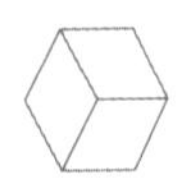

Issue No. 154

大學雜誌 第154期

民國71年1月

第154期封面

本期專題是「保護我們生存的環境」，其中，陳泰然的〈對大氣環境保護的一些看法〉，針對空氣汙染防制與大氣環境保護工作，提出建言，並回顧中美兩國在這方面的作為，比較中美空氣品質標準，以及介紹各種汙染物的危害性。

駱尚廉的〈臺灣的水汙染〉，檢討的是水的汙染問題。由於人口增加，經濟發展以及工業化的結果，水的需求量大增，卻又因水質汙染使清潔可用之水相對減少。作者認為，水汙染是社會大眾的共同羞恥，政府和人民都有責任一起努力改善臺灣的水汙染問題。

黃榮村的〈噪音管制與噪音環境的評估〉指出，在所有環境污染中，人的主觀感覺最強烈的就是噪音，但噪音研究卻是國內所有環境汙染源中最少被重視的。文章探討了噪音環境評估的若干要項，希望透過了解，喚醒大眾的「環境覺醒」，進一步要求環境保護的立法和管制。

張長義的〈臺灣山地環境資源開發之初探〉，探討的是中部東西橫貫公路與玉山國家公園問題，作者指出，資源開發與利用，破壞了生態平衡，已造成嚴重災害，在發展觀光旅遊之餘，也要兼顧環境保育，國土資源與國家命脈才得以世代延續，生生不息。

目 錄

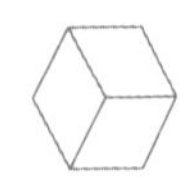

Issue No. 155

大學雜誌 第155期

民國71年4月

第155期封面

美國漢學家狄百瑞闡釋的〈新儒家思想中的個人主義〉，由黃俊傑翻譯，文中對中西文化採取異中求同的態度，對新儒家的思想提供了一個新的探索角度。

學界大老蕭公權的逝世，是我國學術界的一大損失，本期《大學雜誌》摘取蕭公權談論大學教育與大學生的兩篇舊作，包括〈如何整頓大學教育〉、〈大學生的抱負〉，文中的期許與批評，在現階段仍有值得反省與深思之處。

本期「編者的話」預告，5月號起將推出革新號，革新後的《大學雜誌》，將特別關注新生代，呈現他們的意識型態與價值觀，讓所有有心人看到這一代青年的朝氣與銳氣。

目錄

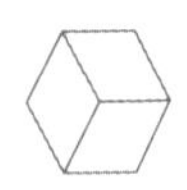

Issue No. 156

大學雜誌 第156期

民國71年5月

第156期封面

民國71年（1982年）5月15日出刊的本期《大學雜誌》，改為菊八開，從封面到內容都有大幅變化，主導的是一群還在校園就讀的大專學生。版權頁上列出了超過20位具有學生身分的編輯和特約編輯，如鍾祖豪、應韶芳、葉柏祥、于秉章、陳平芝、陳碧富、沈冬梅、汪憶萍、陳盛山、賴勁麟等，美術編輯是姚炳煊。本期封面由姚炳煊設計，黃照陽攝影。

版權頁上的改變，還包括了發行人陳達弘兼任總編輯，謝正一出任社長，名譽社長仍為張俊敏。執行編輯是陳惠玲、吳春靖。

本期專題為「中國是中國人的中國：五四運動六十三週年紀念專輯」，策畫執行的是陳惠玲、鍾祖豪、陳碧富、葉柏祥，內容包括陳碧富訪胡佛談五四以來的民主發展〈讓民主在中國生根〉，訪劉廣定談五四以來的科學〈揚起科學的大旗〉，本刊編輯訪曾祥鐸〈站在歷史舞臺上看五四〉，還有李威熊口述、陳惠玲記錄的〈還給文化真面目〉，韋政通口述、葉柏祥記錄的〈未完成的五四：中國需要再啓蒙運動〉，另外，鍾祖豪撰〈五四與社會主義〉，簡宗梧撰〈無怨尤的民族之愛：談五四新文化運動〉，陳惠玲的〈五四的臍帶剪得斷嗎？〉。《大學雜誌》還邀請臺大、政大、東吳、世新校刊負責人賴勁麟、馮壽國、皮介行、葉柏祥、許哲誠座談，主題是「五四青年青年五四」，他們談五四，談新文化，談這一代青年的抱負，也談這一代青年的苦悶。座談由《大學雜誌》執行編輯陳惠玲記錄整理。

目錄｜

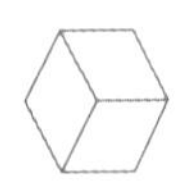

Issue No. 157

大學雜誌 第157期

民國71年6月

第157期封面

現階段國內合法政黨有國民黨、青年黨、民社黨，另外還有無政黨之名的黨外政治勢力。《大學雜誌》本期起陸續訪問各黨代表性人士，談各黨現況，並請局外人談一談對這個黨的觀感。本期推出的主題是〈青年黨能振衰起敝嗎？〉由鍾祖豪、陳碧富、賴劭麟合撰〈林正杰看青年黨〉和〈青年黨要再出發：與李公權、朱垂錭談青年黨〉。

本期與校園議題相關的文章有鍾祖豪的〈畢業！失業？〉，分析大專畢業生出路問題。皮介行的〈聯考還不廢除嗎？〉，以一位三考出身的大學生，提出改革聯考的新思考。伯虎的〈我們是為美國人設的：大直美國道明語文學校〉，介紹士林美國學校之外的另一所美國學校。

各大專院校的校內刊物都有一套審稿制度，學校掌握審查大權，與學生發生過許多衝突，《大學雜誌》針對這個問題舉辦「大學生看審稿制度」座談會，邀請幾位校刊編輯談審稿制度如何改進。座談由《大學雜誌》公關組長皮介行召集，編輯葉柏祥主持，出席的有臺大、東吳、世新校刊負責人劉一德、桀智明、沈敏惠、胡明揚、楊明超。座談由應韶芳記錄整理。

目錄

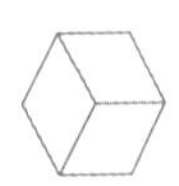

Issue No. 158

大學雜誌 第158期

民國71年7月

第158期封面

提要

本期起《大學雜誌》恢復「社論」一欄，社論標題是「青年中國與中國青年」，提出「青年中國」的架構，期許像民國8年成立的「少年中國」所扮演的時代性角色，在民國70年代扮演一個青年中國的先導角色，希望能普遍喚起新生代的意識和心聲，以青年的朝氣、活力、熱情，點燃投身於社會事業和國家大業的火炬。

本期政黨政治探索的是民社黨。程文熙撰〈從國家社會黨到民主社會黨〉，介紹民社黨沿革和當前處境。耿榮水撰〈民青兩黨振興之道〉，呼籲兩黨放棄接受國民黨的經費補助，提出有別於國民黨的政治主張，深入群眾，滿足大眾改革的願望，才有可能突破困境，起死回生。胡佛口述，陳碧富記錄的〈政黨政治的理想與現況〉，除希望民青兩黨要自強，也呼籲開放黨禁，讓政黨政治進一步健全發展。

目錄

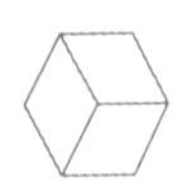

Issue No. 159

大學雜誌 第159期

民國71年8月

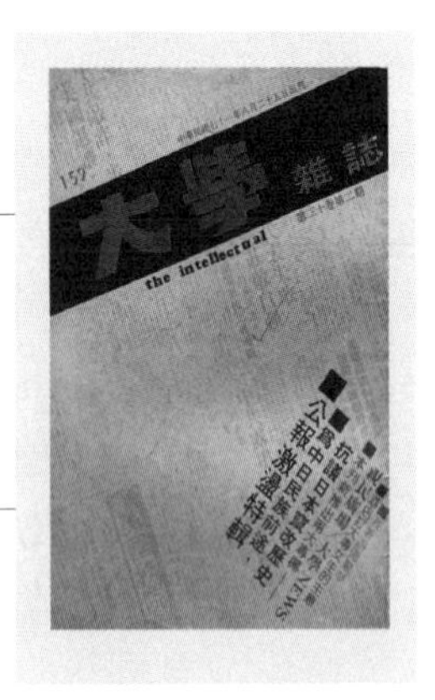

第159期封面

美國與中國大陸於1982年8月17日發表《聯合公報》，這項被稱為二號《上海公報》，是美國對華政策一個非常重要的文件，對日後臺灣與美國的關係，乃至我國的國家前途都將有重大影響。公報中規定美國對臺軍售不得超過1979年後的標準，並將與中國大陸共同努力徹底解決對臺軍售問題。公報發表後，對臺海情勢有何衝擊，備受關注。本期《大學雜誌》推出「公報激盪特輯」，將公報全文、雷根書面說明、中華民國外交部嚴正聲明全文、政府發言人宋楚瑜談話全文及海內外知識份子的回響，匯集起來，便利有心人保存思考，並作為歷史見證。

本期增闢兩個專欄，「親民廣場」針對公眾關心的事項，選取有創造性的見解，期望作為政府與民眾溝通的橋梁。本期文章有周恆和的〈鄉鎮居民到哪裡找辯護人〉、劉作坤的〈法令解釋應該周延〉、楊芳芷的〈何不尊重與重罰並行〉。另一個專欄「大學新聞」，主要報導或輯錄各大學校園裡發生的新鮮事。

目錄

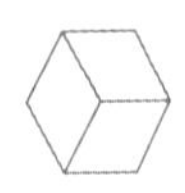

Issue No. 160

大學雜誌 第160期

民國71年9月

第160期封面

提要

史慨疆的「政治退卻與中國社會主義的困境」，從「王蔣大戰」談起。王作榮與蔣碩傑兩位經濟學大師，由於價值取向不同，而有相異的經濟政策主張，論戰不休，為人津津樂道。作者援引蔣碩傑主張的建立健全的經濟體系，認為第一步驟就是「政治退卻」，政治居於「在後支持」的地位，方能使經濟領域與其他領域有獨立性，在努力於經濟建設的同時，有「保存中國品性」之共識，乃能使中國重新與傳統聚首，進而依恃傳統，開出中國人自己的文化成就。

謝康的〈從國家處境看臺灣前途〉，則是針對報載旅美臺灣同鄉會發表的聲明：臺灣前途由1800萬人共同決定。作者看到這一口號，深覺怵目驚心，他認為，這句話適用於殖民地脫離宗主國前的公決，而不適用於當今獨立行使主權的中華民國。

目 錄

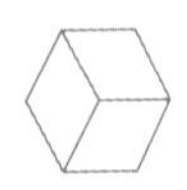

Issue No. 161

大學雜誌 第161期

民國71年10月

第161期封面

本期社論〈青年參與與參與青年〉，指出政治參與不是唯一的青年參與管道，參與的範圍可以包括各行各業。參與也包括權利和義務，不能亂搞一通，拍拍屁股就走了。社論強調，必須相信青年人的理想和熱情是與生俱來的，千萬不要去汙染他們，必須容忍青年人無心的過失和疏忽。

《大學雜誌》也辦了「青年參與」座談會，由陳達弘召集，謝正一主持，討論青年參與的態度，青年參與各種活動的條件，現代青年與辛亥革命、五四運動、抗戰時期的青年有何不同？如何擴大青年參與層面？出席座談的學者有郁慕明、丁介民、李偉成、林恩顯、陳世明、陳義揚、曾祥鐸、楊孝濚，另外，張克晉、黃介正、皮介行三位大學生也發表意見。

本期起，執行編輯更換為龍思華、傅惠華。原參與改版的多位年輕編輯因畢業或入伍，陸續改列特約編輯。

目錄

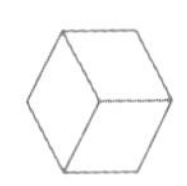

Issue No. 162

大學雜誌 第162期

民國71年11月

第162期封面

本期社論〈三大共識：重申本社的立場和信念〉，針對近期意識形態引發的爭論提出看法，社論稱，朝野各種政治歧見，應當不能離開三大共同意識形態，才能愈辯愈明確，愈爭愈理性。這三大共識就是：實施民主憲政、堅定反共信念、和平統一中國。唯有能夠引起共鳴、共振、共和的共識，臺灣的未來和希望才能落實。

蘇聯人權鬥士索忍尼辛訪問臺灣，掀起一股熱潮。《大學雜誌》特別刊登三篇相關文章向他致敬。〈給自由中國〉，是1982年10月23日索忍尼辛在臺北中山堂演講全文。〈鉅變的邊緣〉是索忍尼辛1976年3月23日在倫敦美國廣播公司廣播講詞。〈扛負一句叮嚀的人：贈別索忍尼辛〉，轉載自張曉風發表在《中國時報》的文章。

目錄

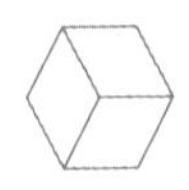

Issue No. 163

大學雜誌 第163期

民國71年12月

第163期封面

提要

海外中國留學生以王炳章為領導人物所創辦的《中國之春》，在美國正式發行，普遍引起重視。本期《大學雜誌》社論〈海外響起的一聲春雷：願《中國之春》是中國自由化民主化的催化劑〉，稱王炳章是真正的民主鬥士，《中國之春》的民運鬥士必定將民主化、自由化的火花點燃整個中國大陸，只要它好好成長，總有一天，將成為和平統一中國的一支生力軍。

本期《大學雜誌》推出《中國之春》專輯，刊登了四篇文章，表達對這一自由民主運動的支持。包括〈中國之春發刊詞〉，〈為了祖國的春天：王炳章棄醫從運宣言〉，〈中國之春編輯部告海內外同胞書〉，以及耿榮水撰〈讓民主的歸於民主：對王炳章《中國之春》民運的一個思考〉（原載《自立晚報》）。耿榮水在文中引述《中國之春》〈告海內外同胞書〉，有一段提及臺灣社會和對國民黨的批評，值得注意。這段言論肯定臺灣的經濟成就，但「加工出口經濟仍存在種種問題」、批評執政者「對實行民主沒有誠意」、「限制民主力量的發展」。耿榮水呼籲執當局應虛心檢討何以會有此種批評，也提醒國人對王炳章和《中國之春》不要有錯誤的認知與憧憬。

目錄

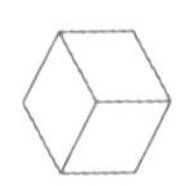

Issue No. 164

大學雜誌 第164期

民國72年1月

第164期封面

提要

過去一年，臺灣面臨相當大的考驗，國際貿易萎縮，經濟成長停滯，失業率上升，國內意識混淆日益嚴重，外交運作日陷窘困。民國72年（1983年）元月出刊的本期《大學雜誌》，特別以社論〈心理建設的一年：共赴國難必須建基在信心和希望上〉，以整體的思考，提出建言。社論説，過去這一年，在政治上、經濟上、社會上都出現種種問題，更可怕的是，國人諱疾忌醫，不敢面對問題，缺乏解決問題的決心與信心。社論希望國人重新塑造和建立新的信心和希望，讓臺灣成為真正民主自由的反共堡壘。

民國71年是不尋常的一年，也是十分熱鬧的一年，本期特別將過去這一年來文教界的各大事件，做一個總回顧，輯成「71年文教大事記」，供讀者參考。

目錄

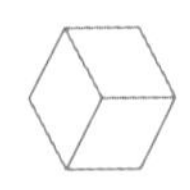

Issue No. 165

大學雜誌 第165期

民國72年2月

第165期封面

提 要

經過十幾年的時空變化，《大學雜誌》在百家爭鳴的政論雜誌界間，似乎顯得平實而缺少衝擊性。本期編輯手記稱，回顧《大學雜誌》十幾年來的作者、編者與作者，都能在各自工作崗位上展現抱負，《大學雜誌》不是空泛的名詞，而是時代青年心血的反映。希望這一代青年廣泛參與，讓知識青年的雄風再度意氣飛揚，造就《大學雜誌》更新的風貌，進而成為時代良心的見證。本期版權頁增設執行主編許哲誠。

目 錄

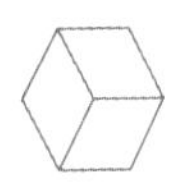

Issue No. 166

大學雜誌 第166期

民國72年4月

第166期封面

新聞局為了發揮「社教功能」，決定對三家無線電視臺的綜藝節目與戲劇節目，實施先審後播。而「封面女郎」雜誌報導女名星，也引發爭議，國民黨秘書長蔣彥士，在出版節演講時，希望出版界不要再出版此類刊物。《大學雜誌》本期社論〈創造心靈與新聞自由〉表示，就「先審後播」問題，新聞或節目創作，屬於人民的自由權，任何扼殺人民創作自由的行政命令是否得當，值得商榷。就「封面女郎」而言，不過是休閒消遣性的刊物，不必視為洪水猛獸。社論提醒當局，政府在現代大眾傳播中，應積極負起拓寬通道，維持秩序，保持暢通的責任，期望「導引」重於「查」、「禁」，只有自由的創造心靈環境，才能產生蓬勃的文化。

劉子政的〈先審後播與人民自由權〉，也指出先審後播是否影響政府形象？是否違憲？不知當局可曾慎思？

目 錄

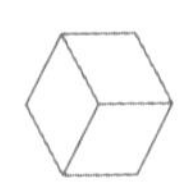

Issue No. 167

大學雜誌 第167期

民國72年6月

第167期封面

提要

本期話題是大學生社會化。社會化是一個人學習適應社會的過程，大學生社會化是社會化過程的一部分。陳瑞貴在〈也談大學生的社會化〉中認為，大學生是社會的一份子，應有參與社會事務的機會，大學生應積極認知並學習自己所扮演的學生及社會角色，教育工作者則應居於輔導立場，提供適當引導，才能型塑完整的大學生人格，畢業後適應變遷的社會。

韓大中在〈正視大學生社會化問題〉中指出，臺灣社會正面臨強烈轉型，具體而言則是自由主義的傾向，海島型的文化觀，以及批判力量的減弱。文中稱，大學生在如此社會現狀的熏陶下，出現了所謂的浪漫派、夢幻派、功利派、尋根派等。作者呼籲，大學生社會化的問題，關係國家未來的前途，值得上下深思。

目錄

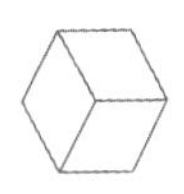

Issue No. 168

大學雜誌 第168期

民國72年7月

第168期封面

提要

《大學雜誌》創刊以來，一直以書生報國之忱，關心臺灣社會及中國前途，成為繼《自由中國》、《文星》之後雜誌輿論的重心。但在種種因素的激盪下，近年來遭遇了人事的遞嬗，內外的衝擊。本期社論〈繼往開來，再創新猷〉，談到雜誌的經營困境，但仍努力不懈，力爭上游，自本期起，《大學雜誌》將出現新的面貌，「以思想文化為進路，特別希望能爭取廣大知識階層的支持」。

本期推出的專題是〈新生代的崛起與展望〉，邀請蕭新煌、林炳文等新生代青年學者發表看法，談的內容有新生代的特徵，形成這些特徵的因素，新生代未來發展的展望或應該發展的方向。

林實周有一篇〈政治新銳的崛起：談未來政治精英的參與〉，探討中央政府和地方政府的政治精英。文中預測，在可見的未來，中央政府精英可能朝專技模式發展，以專技官僚來解決日漸重要的社經問題。立法機關的精英將日趨重要，可能朝民粹模式發展，爭取更廣泛的政治利益。中央政府、行政機關層次可能發生參與爆炸危機，而地方政府、立法機關層次可能發生參與破裂危機。本文還搭配了許多政治精英的素描人像，十分突出，這些人像包括連戰、錢復、陳履安、徐立德、宋楚瑜、關中、陳水扁、謝長廷、趙少康、郁慕明等。

本期版權頁中，主編變更為陳錦鴻，執行編輯是李英，特約編輯全部取消。

目錄

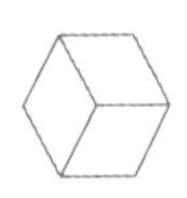

Issue No. 169

大學雜誌 第169期

民國72年9月

第169期封面

本期專題探討「聯考制度對新生代的衝擊」，邀請多位專家發表意見，包括瞿海源從社會結構與制度觀察，指除非教育制度與社會結構協調發展，否則「聯考是絕對公平的」這句話，實有待商榷。林邦傑從教育與考試制度觀察，稱所謂「中國式教育」，就是聯招會看兔子賽跑，只給到達終點者獎勵，對落後者卻不聞不問。歐陽教從人口壓力問題觀察，指人口壓力直接影響新生代在心理與道德上的平衡與發展。洪有義從心理角度觀察，稱聯考制度帶給新生代最大的衝擊，就是只知服從，沒有創造力，經不起考驗，輸不起。

本期版權頁取消主編，執行編輯是張照興。另社址搬遷至臺北市羅斯福路3段283巷22號。

目錄

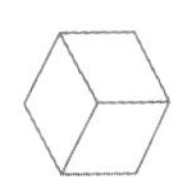

Issue No. 170

大學雜誌 第170期

民國72年10月

第170期封面

陳鴻瑜在本期發表〈臺灣社會的現代化與價值觀念的重建〉，指出臺灣社會在現代化的衝擊下，已經發生嚴重的移位現象。臺灣人民對本身的文化傳統喪失堅持力，又誤解了西方文化，政府在建設社會價值觀念時，必須全盤規畫。

李文碩的〈外省籍國民黨新生代對黨外的幾點疑慮〉，提到光復初期臺灣省籍人士從政者少，財經企業界則盡屬本省人天下。隨著「國民黨臺灣化」、「政治權力本土化」，本省籍第二代進可攻政權，退可守經權，外省第二代則是從政不容易，經權入無門。作者更憂心的是，黨外企圖切斷與中國大陸的血脈關係，只擁抱臺灣，不心懷大陸，黨外圈子裡的外省籍人士，始終屈指可數。文中還指出，外省籍新生代對黨外的另一疑慮，就是黨外和臺獨之間若隱若現的關係，而臺獨是具有濃厚民族情感的外省新生代無法接受的。作者建議黨外要主動爭取外省同胞和國民黨自由派的支持，才能健全發展。

目錄

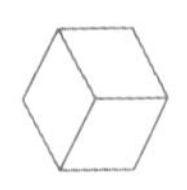

Issue No. 171

大學雜誌 第171期

民國72年11月

第171期封面

提要

文化代表一個民族的精神結晶、行為圭臬與生活模式，而在文化建設的推動層次上，鼓勵國民培養讀書風氣，建立書香社會，也是當務之急。為響應新聞局長宋楚瑜的「讀書週運動」，提升國人生活品質，本期專題〈邁向書香社會：文化建設的新出發〉，特別由張照興專訪三位學者專家唐啓明、劉兆祐、張錦郎，就讀書週運動的動機、目的到個人與文化建設的努力層面上，提出他們的見解與呼籲，希望藉這些建議與呼籲，激勵社會大眾關心國家前途、文化的傳承，並了解讀書的重要。

陳健生的〈迎接雜誌時代〉，是作者深訪日本出版業，心有所感發抒而成。文中對雜誌的經營方式與態度，雜誌生存的文化與背景，及雜誌的面貌和未來，都有深入分析。

目 錄

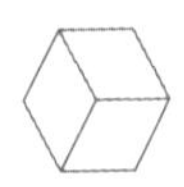

Issue No. 172

大學雜誌 第172期

民國73年1月

第172期封面

提要

延續以文化思想為主的編輯方針，民國73年（1984年）元月出刊的第172期，編者發表了一篇〈給文化一塊沃土：一九八四感言〉，從歐威爾的《一九八四》預言式推論，省思物質文明的危機，指出許多關切人類前途的哲人學者都一致認為，能夠挽救人類危難的，將是人文的倫理良知。文章說，臺灣當前雖擁有「經濟奇蹟」的美譽，但文化建設方面欠缺遲滯不前，有識之士應深謀遠慮，掌握時機，培養滋長文化的土壤。

本期特別推出「文化新聞焦點」和「集思廣益」兩個專欄，這是兩個新的發言園地，也是力促文化建設的兩支尖兵，文章包括林守正的〈提防科技帶來的文化侵略〉、張敏義的〈文建會應編印古蹟説明書〉、羅培之的〈都是教育部惹的禍〉、張曉忠的〈日片不是洪水猛獸〉。

目錄

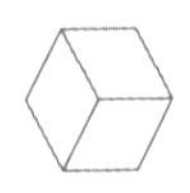

Issue No. 173

大學雜誌 第173期

民國73年2月

第173期封面

國民黨第12屆二中全會，在2月15日通過蔣經國競選連任，並接受蔣經國推舉李登輝為副總統候選人。《大學雜誌》曾刊登李登輝的文章，《大學雜誌》總代理環宇出版社也出版過李登輝的《臺灣第二次土地改革芻議》，對李登輝獲最高當局識拔，深感欣慰，特別在本期封面裡刊出〈親和樸實的李登輝〉，附李登輝與《大學雜誌》發行人陳達弘在中興新村合照，文章結語說，蔣主席遴提李登輝為副總統候選人，拔擢本省籍菁英，延攬學者從政，翊贊中樞，相信以李登輝的學養經驗及卓越表現，必能輔弼元首，共創國家未來的新機運。

本期還特別製作了「當代女作家作品展特輯」，介紹鍾梅音、華嚴、徐薏藍、席慕蓉、徐鍾珮等多位女作家，並以〈做第一等女人，不做第二等男人〉為題，刊出廖輝英的演講稿。

目錄

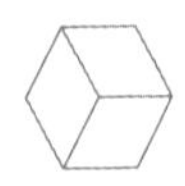

Issue No. 174

大學雜誌 第174期

民國73年5月

第174期封面

提要

備受重視的文化建設工作正次第展開，但由於各界對文化建設的意義認知不足，以及政府欠缺整體規畫，文化建設無法真正落實。《大學雜誌》文化新聞組的〈文化資產保存工作的疑慮及努力方向〉，為文化資產保存工作把脈，並提供努力之道。王農的〈讓子女向羅素看齊：書香門第的重要及地位的再提升〉，是反省舊文化，重拾良好文化遺產的力作，認為在提倡「書香社會」運動中，「書香門第」確有必要再予重新肯定。

面對即將來臨的「香港一九九七大限」，臺灣究竟應作何準備？應對之道是否有效？《大學雜誌》發表〈關心我們的香港同胞：香港九七大限前我們應有的努力〉，謝正一的〈我們不能丟掉港九利益〉，都提出一些思考和建議，供政府及有心人參考。

目錄

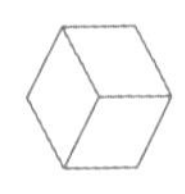

Issue No. 175

大學雜誌 第175期

民國73年9月

第175期封面

提要

本期特稿是莫耕駱的〈從侯德健到羅大佑：國家意識的感性表達〉，作者從藝術工作者特別是作詞作曲者的一些作品，探討其間的國家意識。文中說，侯德健的《龍的傳人》，許乃勝、蘇來的《中華之愛》，小軒、譚建常的《變色的長城》，都是傳頌一時具有濃厚國家意識的作品，最有代表性的，還包括劉家昌的《中華民國頌》、《國家》等。作者特別指出的，則是羅大佑。雖然沒人把羅大佑歸類為愛國歌手，但他所表現的，是一種歷史的國家意識，而不是一般人的地理的國家意識。作者認為，國家意識絕不只是簡單的愛國或國家第一而已，而是包含了對制度的尊重，對其他個人平等存在的尊重，對真理或可能的真理發現之尊重。這樣的國家意識，特別值得透過任何形式尤其是文藝的形式，向國民傳布。

本期執行編輯改為皮介行。

目錄

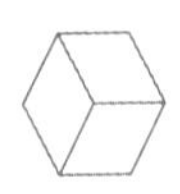

Issue No. 176

大學雜誌 第176期

民國73年10月

第176期封面

本期專題是「民主運動的省思」，將當前有關民主運動的組織，擇其要義加以排比編輯，提供讀者思考。專題共分臺灣、海外及大陸的民主運動三部分。臺灣部分，蒐集了三民主義統一中國大同盟的盟章及宣言。海外部分，蒐集了《中國之春》的中國民主團結聯盟成立前後及章程。大陸部分，則是大陸民主運動言論選輯。

1984年美國大選也深受矚目，本期《大學雜誌》刊出雷根和孟代爾在電視上針對內政問題的辯論，讓臺灣讀者隔岸觀戰。

本期執行編輯改為龔智芳。

目錄

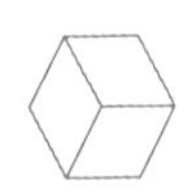

Issue No. 177

大學雜誌 第177期

民國73年11月

第177期封面

本期於民國73年（1984年）11月出刊，正逢國民黨創黨90週年，《大學雜誌》配合推出專輯，有謝正一、繆全吉、朱新民、宋晞等人的作品。在〈編者的話〉中，《大學雜誌》特別強調，這不是在錦上添花，而是期望藉此使全國同胞更能堅強鬥志，向貫徹三民主義統一中國的目標邁進。

《大學雜誌》社長謝正一在〈國民黨需要大有為的魄力和眼光〉中，提出了他對國民黨的期許，包括堅守民主憲政，突破法統形象；掌握統一中國契機；因勢利導在野力量。

除了專輯，本期還推出尉天驄口述，皮介行、龔智芳整理的〈高舉新理想主義的旗幟〉。尉天驄覺聰得現在的青年太幸福了，物質享受豐裕，精神生活層面卻未見提升，他希望青年人能認識新理想主義那種浪漫、神秘、美好。也希望《大學雜誌》能針對人們的需要，把握時代方向，提供一個讓青年人思考、探討問題的場所。

目錄

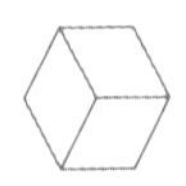

Issue No. 178

大學雜誌 第178期

民國73年12月

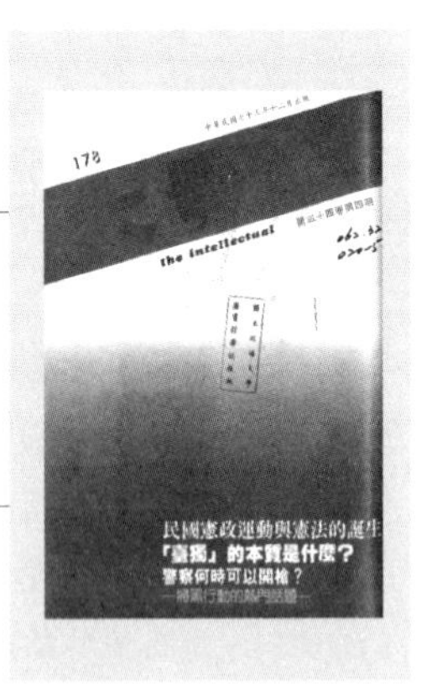

第178期封面

提要

憲法是國家根本大法，也是現代國家的主要特徵之一，近百年來中國歷史中所出現的紛紛擾攘，無不與中國憲政運動有著關聯。12月出刊的本期配合行憲紀念日，選載胡春惠所編《中國現代史料》中，有關民國憲政運動與憲法誕生的概況部分，讓讀者回顧制憲時椎心泣血、歷經波折的過程。

本期《大學雜誌》還刊出李霖生的〈欲挽天河，一洗中原膏血〉，文章稱，一部中國現代史，就是一部中國人追求現代化的奮鬥史，而「富強」乃是中國人的集體潛意識，隱隱支配著中國現代史的推移變化。作者的結論指出，三民主義超越資本主義與社會主義，是中國民族自救的最佳途徑。

目錄

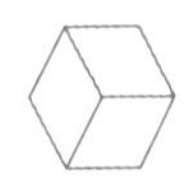

Issue No. 179

大學雜誌 第179期

民國74年1月

第179期封面

民國74年（1985年）元月出刊的本期推出「文化建言集」，其中轉載了三位教授在報章發表的文章，包括繆全吉的〈論強化文化建設幕僚功能〉，李亦園的〈對當前文化建設工作的一些看法〉，蔡源煌的〈邁向精緻之路〉。

〈編者的話〉強調，一個社會光是經濟進步是不夠的，必須在文化層面相對發展，才能真正邁入已開發國家之林，建構一個均衡發展的現代社會。

另外，牟華瑋的〈為多體制國家釋疑〉，探討研考會主委魏鏞提出的「多體制國家」理論之背景、涵義、與「一國兩制」之差異，並提出「多體制國家」應正名為「體制對立國家」，強調因制度不同所造成的政權對立。

目錄

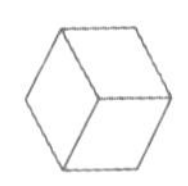

Issue No. 180

大學雜誌 第180期

民國74年2月

第180期封面

提 要

民國74年（1985年）2月出刊的《大學雜誌》以嶄新面貌出現，探討的重點以文化為主，而關懷的層面則廣及現代社會的各個領域。

一連多篇的專訪是本期特色，包括鍾凡的〈推動文化建設，建立書香社會：訪新聞局出版處處長黎模斌談他的觀念和作法〉。張耀國的〈書展飄書香：訪環宇出版社負責人陳達弘談書展與讀書風氣〉。鍾凡的〈書的百貨公司誕生了：訪光統圖書百貨公司董事長林春輝〉。另外，何新華的〈現代書店的新形象：從金石堂到光統〉，邱創煥的〈加強文化建設，充實精神生活〉（轉載稿），也都環繞在文化主軸上。

除了文化，本期《大學雜誌》也關心政治與社會話題，政治方面，有陳雲岳的〈壯士斷腕尚未為晚：盡速公布江南命案真相以維國家形象〉，社會方面，則有仇志強的〈不容國家大門洞開：調查局偵破中正機場偷渡弊案〉，羅文揚的〈特定營業與休閒文化：特定營業管理政策須大幅更張〉。

本期版權頁新增執行主編鍾凡，美術編輯姚炳煊。

目 錄

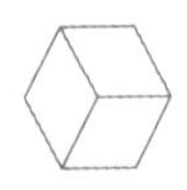

Issue No. 181

大學雜誌 第181期

民國74年3月

第181期封面

提要

這一代的青年是什麼面貌？他們的價值觀與前人有何不同？他們對學問和金錢的態度為何？〈當代的青年面貌〉，是黃燕珍、林玉珠訪問光啓社朱恩榮神父，談他的觀察與建議，讓讀者更清楚地看到青年的現況。

青年人對未來的概念如何？青年如何用未來學的眼光評估自己，審視未來？〈賴金男教授談青年與未來〉，是葉英訪問賴金男，他的分析與論點，提供青年最佳思考素材。

本期的熱門話題是十信事件，楊震的〈徐立德為十信事件下臺〉，謝正一的〈十信冒貸事件〉，剖析了這一重大金融弊案的來龍去脈，語重心長。

目錄

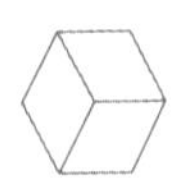

Issue No. 182

大學雜誌 第182期

民國74年5月

第182期封面

提要

由於國內的特殊政治環境，造成了一黨獨大的局面，這種政治局面的形成，固有其歷史背景，但在實際的運作過程中，確也形成許多問題。〈誰知道國民黨在想什麼？〉，謝正一以一個在野政論家的立場，提出了沉痛的問號。

龐克文化從歐洲吹往美國，從美國吹往世界各地。臺灣也有龐克族，但是否只是追求時髦風尚，並不真正了解龐克的義涵與形成？〈從社會反抗到形式美學〉，是黃非訪詹宏志，深入淺出地介紹龐克的誕生、演變與文化意義。

陳希文的〈期待校園民主化的早日來臨：臺大代聯會普選風波〉，分析了這一震撼臺大校園的事件。過去代聯會主席選舉都由間接選舉產生，國民黨有極大的影響力，此次學生要求改為全校學生選舉產生，引爆了與校方的衝突，風波雖暫告止息，但校園民主化的訴求卻更受矚目。

目錄

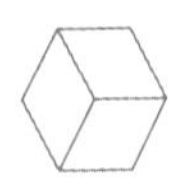

Issue No. 183

大學雜誌 第183期

民國74年6月

第183期封面

提要

6月是鳳凰花開的季節，驪歌高唱，離愁漸濃，許多畢業生就要投入陌生的環境，6月出刊的《大學雜誌》，推出陳婷的〈學士帽的聯想〉，寫出了畢業生在臨畢業時的種種感觸，以及面對前程的自省與憧憬。

7月則是考季，萬千學子為了擠進大學窄門廢寢忘食，子雅的〈新鮮人的迷惘與沉思〉，是一位大學新鮮人對大學的認知與自覺，或可提供考生在釐清奮鬥目標時的參考。

本期還轉載李鴻禧的演講〈大學底浪漫〉，以幽默的談吐，將屬於他們那一代的浪漫娓娓道來，是一篇精采的經驗談。

目錄

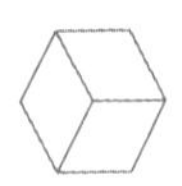

Issue No. 184

大學雜誌 第184期

民國74年7月

第184期封面

提要

《民眾日報》遭到停刊，是近年來一連串管制新聞言論自由行動最引人注目的一次，過去有關單位查禁、停刊處分，多是針對黨外雜誌，對報社開刀，是近年來的第一次。

作為一份以知識份子為本位，以關懷國家社會為職志的言論刊物，7月號《大學雜誌》特別推出「言論自由在臺灣」專題，有遠樵的〈言論自由是民主的前題〉，以及臺灣人權促進會辦的座談會「請尊重言論自由：學者專家談《民眾日報》停刊事件」，座談會由黨外立委江鵬堅主持，與會發言的有《民眾日報》記者高金郎，學者張忠棟、李鴻禧、黃爾璇。《大學雜誌》刊出他們的沉痛呼籲，希望有助國內新聞自由保障，促進國內政治和諧進步。

臺大普選事件原已漸落幕，卻再掀高潮，四位臺大學生穿著寫有「普選」字樣的衣服遊行校園，遭記過處分，在臺大校園和知識份子中引起相當大的波瀾。《大學雜誌》召集了「意見表達與校園民主」座談會，邀請前臺大《大新社》社長殷人珏、前東吳《溪城雙週刊》總編輯皮介行、世新《新聞人》社長莊文龍、總編輯孫靖洋、政大《柵美報導》編輯許雅婷、臺大中文系學生黃素英出席，反映校園意見領袖對此一事件及校園民主的看法。

本期版權頁取消執行編輯龔智芳，新增編輯許雅婷、黃素英。

目錄

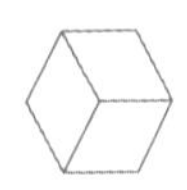

Issue No. 185

大學雜誌 第185期

民國74年8月

第185期封面

上期7月號《大學雜誌》出刊後，引起許多人關切，有人認為內容編排方面都有進步，也有人認為失去了《大學雜誌》固有的學術性與知識性，對某些時事的評論流於空泛與情緒化。本期「編輯室筆記」對此說明指出，《大學雜誌》以知識人的良知自許，以推動國家的民主化、現代化自命，因此在刊物內容上，針對時局提出看法與批判。另外，《大學雜誌》也希望扮演校園與社會溝通者的角色，因此不斷鼓勵青年學子提出對國是與教育的思考，讓青年的呼聲成為推動民主化、現代化的一股新銳力量。

臺灣民主運動前輩郭雨新8月病逝美國，令人唏噓。《大學雜誌》社長謝正一6月訪美時曾與郭氏一席長談，〈政治悲劇人物郭雨新〉對郭氏的思想、觀念與看法，有第一手資料。

海外臺籍知識份子溫萬華對楊逵老先生的批評，引來王曉波為文駁斥，王曉波的〈民族主義僅是得自書本的嗎？〉，指溫文邏輯錯亂，史識不足。對某些所謂「臺灣人的民族主義」論調，王曉波也點出其昧於事實與歷史之處。

本期版權頁新增編輯陳美玲。

目錄

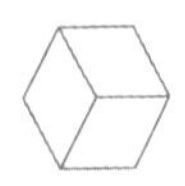

Issue No. 186

大學雜誌 第186期

民國74年9月

第186期封面

提要

言論自由問題，一直是朝野爭論的焦點。1985年9月11日，《大學雜誌》在臺大校友會館召開「政論雜誌，言論自由」座談會，由青年黨立委謝學賢主持，出席的有《薪火週刊》發行人耿榮水、《前進週刊》發行人林正杰、《八十年代週刊》總編輯李旺臺、政論作家劉志聰、學者呂亞力、林嘉誠。與會者對當前言論現況及審檢措施，有痛切陳述，並呼籲黨內外要加強溝通，適切維護言論自由。《大學雜誌》發行人陳達弘建議由代表清議的第三者組成團體，在黨內外對政論雜誌言論產生歧義時，扮演公正仲裁者角色。陳達弘的建議，獲得與會者共鳴。本期「編輯室筆記」對座談會有重點介紹，與會者的發言紀錄刊於下一期（第187期）。

《大學雜誌》發行人陳達弘在6月間隨「超黨派雜誌赴美訪問團」訪美期間，曾在某場合公開表示，「如果蔣孝武真的上臺，臺灣人民會造反」。陳達弘解釋，他之所以如此斷言，是基於對蔣經國總統維護民主憲政的決心，深信其不會有家天下的封建思想。果然，蔣經國接受美國《時代雜誌》專訪，明確宣示絕對不會由蔣家人繼承總統職位，爭議多年的所謂接班人問題獲得澄清，但如何基於民主憲政體制，建立權力繼承的制度，仍有賴決策階層的努力。林正言的〈接班人問題獲得澄清：領袖繼承應循常軌〉，對此有深入的評析。

目錄

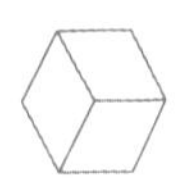

Issue No. 187

大學雜誌 第187期

民國74年10月

第187期封面

本期刊出「政論雜誌，言論自由」座談會完整內容，由鍾祖豪記錄整理。

美國國際日報發行人李亞蘋9月「為匪宣傳」被捕，經美國干涉，10天後具保獲釋。此事對臺灣的言論自由與國際形象造成衝擊，但也引發了對雙重國籍問題的討論。章無忌的〈從捉放李亞蘋談起〉，稱李亞蘋事件證實了「美國人」或綠卡的效用，而臺灣當前廟堂人物不乏「美國人」或綠卡持有者，小老百姓會如何看待這一現象？

譚志強的〈傳統與現代〉，針對五四以來文化思想界爭論不休的兩個名詞「傳統」、「現代」，探討其特質、相互的關係，調和折衷論的陷阱及應循的整合途徑。

劉君燦的〈家庭倫理與個人倫理〉，也是一篇探討中國文化本質的力作，作者以寬廣的視野，對中西文化予以檢討反省，並主張調適家庭倫理與個人倫理，以保存固有文化特色，因應當前文化危機。

目錄

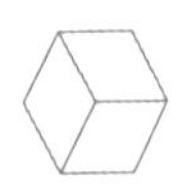

Issue No. 188

大學雜誌 第188期

民國74年12月

第188期封面

提 要

《大學雜誌》自第184期起，推出「言論自由在臺灣」系列專題，分別邀請學者專家、政論雜誌工作者發表看法，本期則請政府主管機關提出意見，供讀者完整了解與思考。其中，警備總部婉拒邀請；新聞局長張京育提供他在立法院答詢資料，代表他對言論自由的看法，《大學雜誌》特摘錄他與立委江鵬堅的詢答紀錄發表，題為〈言論自由與憲政法治〉；臺北市新聞處處長唐啓明則接受《大學雜誌》專訪，坦誠發表意見，專訪題為〈言論審查的標準與言論自由的保障〉。

1985年底的地方公職人員選舉順利落幕，從選舉過程和投票結果來看，地方派系依然扮演舉足輕重的角色。楊永逸的〈派系政治的新面貌：從本次地方選舉看地方派系的勢力消長與未來演變〉，對派系的成因、面貌、演變與全省各縣市地方派系的權力消長及結構蛻變，有全面而深入的觀察。

張仲仁的〈地方大選的觀察與省思〉，從選舉前之社會情境，執政黨的選戰策略，黨外組織化的努力，選舉結果顯示的意義，全面回顧了這場高潮迭起的選戰，也展望了未來民主政治的發展。

目錄

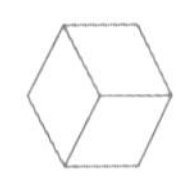

Issue No. 189

大學雜誌 第189期

民國75年1月

第189期封面

《大學雜誌》自民國75年（1986年）元月出刊的第189期起，由菊八開縮小為25開，內容也有重大變化，進入休刊前的最後階段。刊頭語「新的里程」中說，《大學雜誌》曾被譽為「自由主義的最後堡壘」，在《文星》雜誌結束後，成為輿論界的號手。後來時移勢易，內外因素交相衝擊，再也發不出它昔日的光焰，經過長久思考，《大學雜誌》決定改變編輯方針，不再是一本批評時政的刊物了，而是以「文化的，思想的，教育的」為依歸，從現實政治層面轉進到意識形態層面。內容上，每期將擬定一個專題，廣蒐名家論述，使讀者透過專題文章，更了解、更關心生存的環境。另外，每期推出「時論」，邀約專家學者撰寫精采短文，不再以嚴肅面貌面對讀者。

改版後的《大學雜誌》，首次推出的專題是「環境的哭泣」，摘錄張之傑的〈什麼是環境〉、韓韓、馬以工的〈讓你平安地在我們的田園裡休息〉、心岱的〈大地反撲〉、張之傑的〈溪流，已寂靜了〉等多篇文章。

本期起成立編輯委員會，編委包括呂應鐘、辛鬱、林安梧、柴惠珍、張之傑、黃臺香、劉君燦、蔡錦昌、譚志強、龔鵬程。本期編委會主席是張之傑，執行編輯劉仁華。

目錄

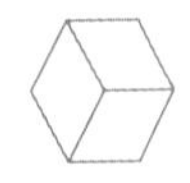

Issue No. 190

大學雜誌 第190期

民國75年2月

第190期封面

提要

配合農曆新年，本期專題是「民俗的診斷」，收錄的文章有高登偉的〈何謂民俗〉、龔鵬程的〈民初以來民俗學發展歷程及意義〉、卜問天的〈民俗與尋根〉、吳亞梅的〈民俗曲藝的故事〉、呂應鐘的〈這樣的民俗不叫文化。〉

呂應鐘在文章中說，民俗主要指民俗故事、民間藝術、遊藝、宗教節慶等，這些只是文化的一部分，不是文化的全部。呂應鐘指出，如果只是將老祖宗的文化遺產流傳下去，當代中國人就太讓人失望了。文化包括了觀念和做事的方法，應該創造當代的觀念和做事方法，融入固有文化中，只有這樣，文化才能綿延不絕。

本期編委會主席兼常務編委是劉君燦，執行編輯許碧絅、何欽豪。

目錄

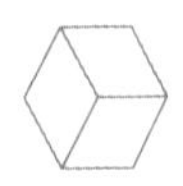

Issue No. 191

大學雜誌 第191期

民國75年3月

第191期封面

提要

中國文化原本應包含科學在內，但一般人認知的文化，只有傳統固有思想、民俗技藝、音樂美術等，不把科學當做文化的一部分，這是極大的錯誤。《大學雜誌》為提醒國人對科學與文化有正確的思維，本期專題就推出「科技文明的反省」，收錄的文章有史懷哲的〈究竟是什麼毀了文明的天賦力量？〉、劉源俊的〈科學與文化復興〉、張之傑的〈以科技本土化為綱〉、呂應鐘的〈文明的惆悵〉、陳勝崑的〈讓醫學說中國話〉、沈清松的〈科技生根發展與中國的人文主義〉、蔡仁堅的〈科學人文主義與科學本土化運動〉等。

張之傑在文章中指出，當前科技發展的問題癥結，是未能本土化，本土化含義包括：研究本土事物、其研究可解決本土問題、其研究能獨樹一幟、以本國語文表達記載傳播。科技本土化是發展科技的綱，綱舉自然目張，他呼籲掌管科技大政的在位者，針對科技本土化這個根本問題訂定科技政策。

本期編委會主席是呂應鐘，劉君燦專任常務編委。

目 錄

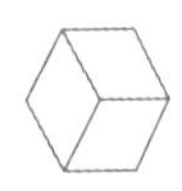

Issue No. 192

大學雜誌 第192期

民國75年4月

第192期封面

提要

巴斯卡說：「人是註定要發瘋的，要是不瘋的話，也會以另一種形式瘋狂起來。」本期專題探討的就是「瘋子與社會」。專題收錄的文章有張珣的〈民俗大醫生：童乩〉、張珣的〈龍發堂：醫療現代化潮流的殘餘？〉、胡湲青的〈龍發堂事件的迴響〉、馬圖偉的〈飛越杜鵑窩的意義〉、蔡金桐的〈傅高論瘋子與社會〉。

龍發堂是個結合了醫療、宗教、農場而自稱「收容精神病患」的場所，曾引爆科學醫療與民俗醫療的激烈辯論，也引發精神病患家屬與社會大眾的意識形態衝突。張珣、胡湲青在文章中都提出了他們的觀點，供讀者思考。

本期主編為蔡錦昌。

目錄

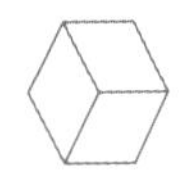

Issue No. 193

大學雜誌 第193期

民國75年5月

第193期封面

提要

在人類文明發展史上，大學一直代表著知識理性的追求與力量，也是陶鑄健全人格，發揚理想，砥礪志節的場所。相對於社會，大學也扮演著批判與導引的角色，肩負著文化開拓的使命。本期專題即是「大學的迷思」，透過論述、採訪、座談，提供一些思考的線索，勾勒出大學的問題與答案。事實上，也不可能有現成的答案，答案仍需不斷地探討。

專題收錄的文章有劉裘蒂的〈行邁靡靡，中心搖搖：我看當前大學生文化〉、呂應鐘的〈通識教育的迷思〉、龔鵬程的〈通識教育與現今大學教育〉、金耀基的〈通識教育與核心課程〉、錢穆的〈改革大學制度議〉、楊極東的〈大學生的心態及其次文化〉。

本期還辦了一場座談會「大學與大學生」，由《大學雜誌》發行人陳達弘、《大學雜誌》常務編委劉君燦擔任召集人，《大學雜誌》編委龔鵬程主持，臺大何棋生、淡大蘇永澄等七位大學生出席，《大學雜誌》編委呂應鐘、林安梧、譚志強列席。座談會主要是了解目前大學的面貌、存在什麼問題？大學生想些什麼？又有哪些可以突破的途徑？

本期主編為龔鵬程，執行編輯龍思華，助理編輯陳品如。

目錄

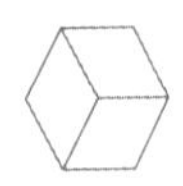

Issue No. 194

大學雜誌 第194期

民國75年6月

第194期封面

提要

隨著經濟與醫學的改善，臺灣人口平均年齡漸增，老人問題慢慢浮現。本期專題探討的是「老人文化的省思」，選輯一系列學者專家的文章，從老的定義開始，談及老人的心理、老人的社會生活、老人的醫護、老人社區等，作多角度的介紹，期使讀者關心、思索這個與每個人均息息相關的社會問題。

專題收錄的文章包括關銳煊的〈老人理論簡介〉、劉輝的〈速效文化的迷思〉、黃臺香選輯的〈西塞羅論老年〉、廖榮利的〈老人的再社會化與社會適應〉、陳光中的〈人生七十方開始：談老人社區和老人問題〉、蔡文輝的〈臺灣老年人口現況〉等。

本期主編是黃臺香。

目錄

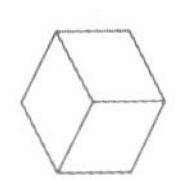

Issue No. 195

大學雜誌 第195期

民國75年7月

第195期封面

提要

中國文學傳統的豐厚，實為其他民族所不及，但百餘年來國族多難，又逢西方思潮入「侵」，文學傳統根基動搖。本期專題「創作民族的與人的文學」，希望能廓清創作的觀念與心態。

專題由辛鬱主編，收錄的文章都來自《人與社會》雜誌，辛鬱當初任執行編輯，感受頗多，深覺有一讀再讀的價值，包括顏元叔的〈民族文學及其創作與研究〉、司馬中原的〈文學：促進社會和諧的精神原力〉、黃榮村的〈現代的詩教〉、羊令野的〈中國詩的社會性〉、張默的〈略談現代詩的創作精神、語言及批評〉、辛鬱的〈創作自由與自律〉。

本期主編為辛鬱。

目錄

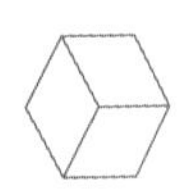

Issue No. 196

大學雜誌 第196期

民國75年8月

第196期封面

醫療是基本人權，如何使這項人權得到充分實現，是一個社會「健康」與否的表徵。為檢討臺灣社會的醫療環境，促使醫界有所覺醒，本期製作了「臺灣的醫療文化」專題，選刊的文章從醫療所接觸的各個層面入手，對臺灣醫療文化諸多不合理現象痛下針砭，包括劉君燦的〈臺灣醫療文化隨感錄〉、陳永興的〈醫療是基本人權〉、高鳳璘的〈衛生所為民眾做了什麼〉、揚歌的〈急診室驚魂〉、余玉眉的〈談護理人員的角色功能〉。

陳永興的文章說，臺灣地區醫療問題叢生，根本癥結出在什麼地方？陳永興認為，「醫療人權」的觀念未能深植人心是所有問題的根本癥結所在，必須對此觀念深刻討論反省，使人人知道「醫療是基本人權」，並願意加以維護和爭取，臺灣地區的醫療才得以走上「人性尊嚴」的理性大道上。

目錄

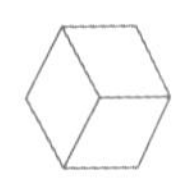

Issue No. 197

大學雜誌 第197期

民國75年9月

第197期封面

提要

本期的專輯是「政治與文化」，為了從古今中外各方面來評論一下政治是文化的一個面向，政治與文化的互動這個課題，我們輯選了錢穆的《中國歷代政治的得失》的序與總論，張忠棟的〈皇帝、士人、民主〉，羅素的〈國家主義問答錄〉，薩孟武的〈孫行者與緊箍咒〉，徐訏的〈自由主義的衰微與再興〉，呂亞力的〈漫談發展中國家的政治安定〉，朱雲漢與丁庭宇的〈中國兒童眼中的政治〉譯序與結論，劉君燦的〈家族、民族與政治〉。這樣的安排不知是否恰當，但衷心的期望是多元的政治安定，尤其是文化中的政治就是了，因為本來「政」就應該是「走『文』化的『正』道」的，承傳與改革都應如是，此「變易」與「不易」之為「易」也。

再要鄭重推薦的是本期的專輯為「民俗、文學、宗教」，看看民間文學，民間宗教中所蘊聚的傳統與現代。並預告下一期的「選舉與文化」，覽視一下選舉的文化角色與社會功能。

目錄

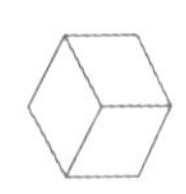

Issue No. 198

大學雜誌 第198期

民國75年10月

第198期封面

本期刊出「選舉與文化」專輯，從理論層面檢討了「臺灣的地方選舉」、「政治社會化」、「政治菁英」。而特稿之一〈民意代表如何藉社會科學研究報告結果問政？〉也與此相關，也是政治文化中心的一個課題。

〈「恐怖之夜」不容再現〉，由印度而想及鹿港的杜邦事件，令人警惕。所以本期對環境污染控制與大學教育改革也刊出好幾篇文章或專欄。

另外本期的專欄與特稿則與對古今科技的探討，以及髮禁開放所引起的問題一一探索。庶幾表達了本刊持平穩重的知識份子一言。

目錄

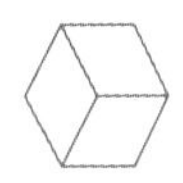

Issue No. 205

大學雜誌 第205期

民國76年5月

（版本改為16開）

第205期封面

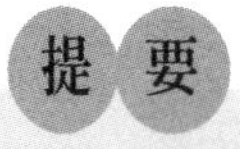

提 要

民國75年（1986年）底的增額中央民意代表選舉，不同黨派候選人對國家當前處境的認知，出現嚴重的歧見，「自決」與「統一」再次成為激辯話題，在這具有歷史意義的時刻，《大學雜誌》不能再長期冬眠了。民國76年（1987年）5月出刊的《大學雜誌》，發表社論〈面對問題，肩挑歷史：《大學雜誌》的政治主張〉，社論認為，中國人民經過一百多年的內戰外禍，顛沛流離，歷經多少統治階層和領導人物的政治承諾，仍然無法建立一個充滿人性尊嚴的民主國家。

社論提出三個具體的政治主張，一是公開檢討兩岸交流和接觸的情勢，擬定一套積極而突破性的應變政策；二是堅守民主憲政，追求和平改革；三是國民黨和政府要有落實民主政治的誠意和決心。社論也呼籲中共當局宣示不以武力完成海峽統一的目的、不應反對臺灣參加國際性活動、不須反對美國或其他國家軍售臺灣。社論結語指出，兩岸的統一，是所有中國人的願望，「科技臺灣，資源中國大陸」是新中國的希望。當民主制度落實在中國大陸，兩岸民主運作達到同步調時，中國統一的目標自然水到渠成。

目錄

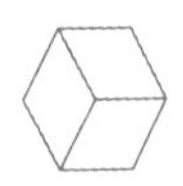

Issue No. 206

大學雜誌 第206期

民國76年6月

第206期封面

提要

臺灣面對解除戒嚴的新情勢，執政當局擬制定國家安全法，取代戒嚴法，因其影響國家民主形象及人民權利義務甚巨，引發激烈爭議，思功行的〈正視國安法的表面與背面問題〉，對此一爭議有深入剖析。另外，本期特別摘錄立法院公報關於審議國安法的紀錄全文，從其尖銳對立的質疑辯論言詞，可供讀者檢視朝野國會議員的政治智慧。

康添財訪張曉春教授談〈校園民主化非校園政治化〉，從臺大校園運動談起，張曉春呼籲校方及社會大眾，以「平常心」看待校園民主運動，給予合理的發展空間。

本期起，版權頁上的編輯委員取消，編輯者改為本刊編委會。

目錄

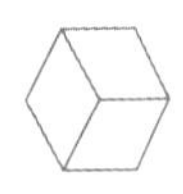

Issue No. 208

大學雜誌 第208期

民國76年8月

第208期封面

提要

臺灣長期的禁書政策，造成出版界的混亂、文化的斷層和政治分離意識興起。解嚴以後，終於開放大陸出版品，意義重大。本期《大學雜誌》推出「怎樣的書禁？怎樣的傷痛！」專輯，分別從思想、政治、學術、經濟的觀點，探討書禁造成的影響，並對正在研議的「大陸出版品管制辦法」提出建言。

專輯中，鄭一青訪胡秋原談〈反共到底反什麼：書禁造成文化思想的困惑〉，胡秋原認為禁書愈禁愈熱門，從來沒有成功過，何必要禁？中國政治上的統一，必須建立在文化的統一上，歷史民族感情的彼此認同，才是最穩實的根基。

專輯文章還包括臧聲遠的〈文化解嚴，大陸熱與學術依賴〉，譚志強的〈書通與統一的辯證：評臺灣的書刊解禁〉，彭廣澤的〈加強文化交流，縮小認知差距〉，姜亦慧的〈一個不可企及的夢想〉。

目錄

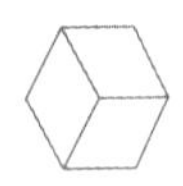

Issue No. 209

大學雜誌 第209期

民國76年9月

第209期封面

依據國家圖書館收藏的《大學雜誌》合訂本，最後一期是民國76年（1987年）9月出刊的第209期，本期主題是「海峽兩岸返鄉探親」。

《大學雜誌》基於人道關懷和長期關注海峽兩岸問題的立場，8月14日在耕莘文教院主辦「海峽兩岸返鄉探親演講討論會」，企圖喚醒社會大眾的關心與政府當局的重視，讓當年隨政府來到臺灣的老兵能踏上回鄉的道路。

演講會由《大學雜誌》主辦，中國民主促進聯盟、外省人返鄉探親促進會協辦，召集人是《大學雜誌》發行人陳達弘，主講人有謝正一、孟德聲、王志文、鄧可瑾、何文德、曾祥鐸、謝學賢、劉君燦。陶百川雖未到場，但提供〈四郎探母我有深感〉一文，以示支持。

這場演講會的舉辦，不僅吸引滿場學者與民眾聲援，更引起輿論界廣泛討論，而政府也迅速回應民意，政策性決定開放人民返鄉探親。鄭一青的〈千里探親〉有詳細的追踪報導。

本期社論〈迎接21世紀新中國〉指出，《大學雜誌》在過去的歲月裡曾扮演過主導「社會覺醒」的角色，也長期「冬眠」地旁觀各種思潮在激盪著臺灣社會。作為一份知識份子代言人之一的《大學雜誌》，一直支持各種有助於國家社會等運動的蓬勃發展。基於「喚醒」的出發點，《大學雜誌》主辦了海峽兩岸探親的演講會，成為第一個公開探討兩岸接觸的演講會。社論認為，返鄉探親是「突破」接觸的起點，這個接觸，將在兩岸冒出民主自由繁榮安定的火花，社論也預期，兩岸的中國人必定「親如手足，情同兄弟」般開拓21世紀的新中國。

《大學雜誌》在堅持了20年後，結束了見證臺灣民主政治發展史的角色，在第209期暫時畫下休止符，等待時代召喚、重新出發的契機。

目錄

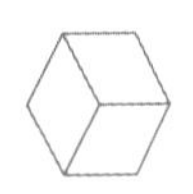

後記

憶老楊，《大學雜誌》前總編輯楊國樞

何步正　《大學雜誌》前執行編委

1968年，我在臺大，唸經濟系。在臺大附近溫州街，租房子。同居人有王曉波，黃樹民，陳秋坤，王中一和黃榮村。都是臺大不同系的學生。經常來往的朋友，有鄧維楨，蘇慶黎，王拓，胡卜凱，郭譽先，劉容傑。是各路人馬的大本營。

鄧維楨已畢業。獨資辦《大學雜誌》，邀我當編輯。出文集，杜鵑花城的故事，大虧。雜誌出刊，鄧老是老板兼打雜，我是約稿編輯校對，一腳踢。曉波，王拓，卜凱，所有朋友都是推銷員，一律義工。四個月下來，全賠。

老鄧不幹了。我們僑生，我，邱立本，甄燊港，馮耀明，卓伯棠，共同集資，募款硬索，勉強出版了幾期。都是窮學生，無以為繼。張俊宏邀請青商會，獅子會資助，張襄玉也出資支持，直到環宇出版社接手發行，編輯社員擴充，《大學雜誌》才算納入正軌。

經常出席編務的編委有，楊國樞，丘宏達，陳鼓應，張俊宏，許信良，鄭樹森，何步正。鄭、何是政大臺大學生，楊、丘、陳，是臺大老師，張和許是國民黨中央黨部的黨工。編輯部在張俊宏家。日常編輯開會是在羅斯福路臺大師大之間的一家咖啡室。

楊國樞是最負責任的編委，看最後大校，因此我和樹森經常要去臺大心理系他的辦公室談稿件。編委間，我們互相直呼名字，但和國樞見面次數特多，我和樹森覺得特別親切，就叫他老楊。有一次，國樞請我倆吃飯，說：你們為什麼叫我老楊老楊的呢，好像叫花王老楊一樣。我和樹森一起說，我們改。

其實也是，國樞是系主任，我倆是學生。在系辦公室學生叫系主任老楊，是有點那個。之後，我稱呼他楊教授。相安無事。及後，開編輯會議，我們慣了互叫名字，鼓應，俊宏，信良。就這樣子叫。單獨稱他是楊教授，每個人都抬起頭來，那裡來的教授？這下子，國樞坐不住了。又請吃飯，就叫我國樞，成麼。自此，直呼其名。

好幾年後，我去心理系探望楊國樞和黃榮村。一起吃飯。楊是系主任，黃是老師。黃尊稱楊教授，我一下子還是老規矩，國樞。榮村瞪起眼睛看我，好無規矩。蓋我和榮村是同輩，都是學生輩。

國樞當編輯，十分專心盡力，比較敏感的內容，他會和我一起到印刷廠，看上機印刷前最後大樣，校對再三無誤，才簽字上機。

編輯事務上，看法容有不同，當時大家都稱心直說。萬一出事了，國樞也一力承擔，絕不避肩。

楊國樞兄是我看到的，在這個時代，難得一見的真君子。

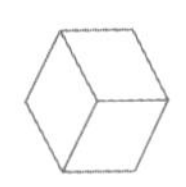

後記

一枝健筆 一介書生

陳達弘 《大學雜誌》發行人暨總經理

日前從陳鼓應兄處聽到少廷兄仙逝的消息，隨後接到前南投縣長彭百顯兄轉來的訃聞，證實了這個不幸的消息。回想當年我們一起在《大學雜誌》共事的日子，真是百感交集。

1968年《大學雜誌》創刊之初，少廷兄投身編務，之後更擔任社長，與《大學雜誌》眾多有志之士，無懼威權體制壓力，提出了知識份子對國事的建言，為臺灣的民主化與自由化，開拓出一個波瀾壯闊的局面。

1970年《大學雜誌》改組，我擔任總經理，與少廷兄接觸頻密，相知更深，對他那種言人所不敢言，為公理正義，雖千萬人吾往矣的精神，非常欣賞。而他堅持理想又不失率真的書生本色，也讓我留下深刻印象。

《大學雜誌》當時匯聚了思想前衛又胸懷抱負的知識青年，對時局頗多批判，少廷兄即是其中一枝健筆，有所主張，無不振聾發聵，發人深省。〈中央民意代表的改選問題〉一文，就是少廷兄最具代表性的大作，勇於挑戰法統禁忌，觸怒當道，引爆軒然大波，但也讓這個敏感議題攤在陽光下接受檢視。他公開主張中央民意代表應該全面改選，超越時代的眼光，以及過人的膽識，如今回顧，除了感佩，更多感慨。

他雖然以雜誌論政，以文章報國，但不主張參政，更反對藉由雜誌做為私人選舉或從政的工具，並為此寫了社論，標明此一原則。為此，與雜誌內一位有意參選的重量級同仁意見相左，甚至爆發衝突，連我也捲進去，恩恩怨怨，糾纏多年。

我何其有幸，在參與《大學雜誌》運作時，能有機緣和少廷兄一起為雜誌、為理想打拚，也見證了少廷兄的嶙峋風骨。

在臺灣民主化、自由化的過程中，少廷兄的心血與貢獻已載於史冊，希望後人在緬懷之餘，也能深刻體會這位臺灣民主鬥士的典範，讓書生報國的情操與傳統延續下去。

刊於2012-11-09 《自由時報》

讀者回函說明

親愛的讀者：

您好！《大學雜誌》從民國57年（1968年）元月創刊起，到民國76年（1987年）9月止，近20年共209期。

其中共缺七期：199至204期，及缺207期，皆因改組而軼失。我們希望《見證狂飆的年代：《大學雜誌》20年內容全紀錄提要（1968-1987）》這本書的出版，可以央請讀者您協尋；若您手上正好有以上缺期者，敬請您與我們聯絡，我們將厚謝您的支持與協助。

我們有計畫將《大學雜誌》全209期（1968-1987）製作成電子雜誌或複刻版，讓這份有影響力的雜誌可以重生，讓未來的讀者可一起共饗那輝煌時代的盛宴；共體知識份子參與國是的責任與驕傲！

若您深得共鳴，亦對《大學雜誌》電子雜誌或複刻版有興趣訂購與收藏，歡迎您郵件回函，註明您的姓名、地址、聯絡電話、郵箱，E-mail至service.ccpc@msa.hinet.net郵箱，等新版出版後，我們將第一時間發書訊通知您。再次感謝您的支持與愛護！

華品文創出版公司　敬上

見證狂飆的年代：《大學雜誌》20年內容全紀錄提要（1968-1987）／陳達弘策畫編著. --初版. -- 臺北市：華品文創, 2019.11
456面；17×23公分
ISBN 978-986-96633-6-6

1. 出版業 2. 歷史
487.78933　　108017790

華品文創出版股份有限公司
Chinese Creation Publishing Co.,Ltd.

見證狂飆的年代

《大學雜誌》20年內容全紀錄提要(1968-1987)

策畫編著：陳達弘
企劃主編：張　瑛
總 經 理：王承惠
總 編 輯：陳秋玲
文字整理：鍾祖豪
作者索引：陳芊莉
校　　訂：陳達弘、陳秋玲
美術設計：vision 視覺藝術工作室
財 務 長：江美慧
印務統籌：張傳財
出 版 者：華品文創出版股份有限公司
地址：100台北市中正區重慶南路一段57號13樓之1
讀者服務專線：(02)2331-7103
讀者服務傳真：(02)2331-6735
E-mail：service.ccpc@msa.hinet.net
總 經 銷：大和書報圖書股份有限公司
地址：242新北市新莊區五工五路2號
電話：(02)8990-2588
傳真：(02)2299-7900
印　　刷：卡樂彩色製版印刷有限公司
初版一刷：2019年11月
定價：平裝新台幣500元
ISBN：978-986-96633-6-6